全球变化热门话题丛书

主　编　秦大河

副主编　丁一汇　毛耀顺

洪涝

Honglao

彭广　刘立成　刘敏　周月华等　编著

气象出版社

图书在版编目(CIP)数据

洪涝/彭广等编著. —北京:气象出版社,2003.3(2012.8重印)
(全球变化热门话题/秦大河主编)
ISBN 978-7-5029-3552-8

Ⅰ.洪… Ⅱ.彭… Ⅲ.水灾-普及读物
Ⅳ.P426.616-49

中国版本图书馆CIP数据核字(2003)第018053号

气象出版社出版
(北京市海淀区中关村南大街46号 邮编:100081)
总编室:010－68407112 发行部:010－68409198
网址:http://www.cmp.cma.gov.cn E-mail:qxcbs@cma.gov.cn
责任编辑:宋 钢 张 斌 终审:陈云峰
封面设计:新视窗工作室 责任技编:刘祥玉 责任校对:李 军

*

北京京科印刷有限公司印刷
气象出版社发行 全国各地新华书店经销

*

开本:889×1194 1/32 印张:4.75 字数:122千字
2003年3月第一版 2012年8月第四次印刷
印数:9801～14800 定价:15.00元

序　言

全球变化科学是从20世纪80年代发展起来的一个新兴的科学领域。其研究对象是气候系统(包括岩石圈、大气圈、水圈、冰冻圈和生物圈)、各子系统内部以及各子系统之间的相互作用。它的科学目标是描述和理解人类赖以生存的气候系统运行的机制、变化规律以及人类活动在其中所起的作用与影响,从而提高对未来环境变化及其对人类社会发展影响的预测和评估能力。近20年来,全球变化的研究方向经历了重大调整。首先是从认识气候系统基本规律的纯基础研究为主,发展到与人类社会可持续发展密切相关的一系列生存环境实际问题的研究;其次是从研究人类活动对环境变化的影响,扩展到研究人类如何适应和减缓全球环境的变化。全球变化的研究已经取得了重大的进展。

气候变化是全球变化研究的核心问题和重要内容。科学研究表明,近百年来,地球气候正经历一次以全球变暖为主要特征的显著变化。近50年的气候变暖主要是人类使用矿物燃料排放的大量二氧化碳等温室气体的增温效应造成的。现有的预测表明,未来50～100年全球的气候将继续向变暖的方向发展。这一增温对全球自然生态系统和各国社会经济已经产生并将继续产生重大而深刻的影响,使人类的生存和发展面临巨大挑战。

自工业革命(1750年)以来,大气中温室气体浓度明显增加。大气中二氧化碳的浓度目前已达到368 ppmv(百万分之一体积),这可能是过去42万年中的最高值。增强的温室效应使得自1860年有气象仪器观测记录以来,全球平均温度升高了0.6±0.2℃。

最暖的14个年份均出现在1983年以后。20世纪北半球温度的增幅可能是过去1 000年中最高的。降水分布也发生了变化。大陆地区尤其是中高纬地区降水增加，非洲等一些地区降水减少。有些地区极端天气气候事件（厄尔尼诺、干旱、洪涝、雷暴、冰雹、风暴、高温天气和沙尘暴等）的出现频率与强度增加。近百年我国气候也在变暖，气温上升了0.4～0.5℃，以冬季和西北、华北、东北最为明显。1985年以来，我国已连续出现了17个全国大范围暖冬。降水自20世纪50年代以后逐渐减少，华北地区出现了暖干化趋势。

对于未来100年的全球气候变化，国内外科学家也进行了预测。结果表明：(1)到2100年时，地球平均地表气温将比1990年上升1.4～5.8℃。这一增温值将是20世纪内增温值(0.6℃左右)的2～10倍，可能是近10 000年中增温最显著的速率。21世纪全球平均降水将会增加，北半球雪盖和海冰范围将进一步缩小。到2100年时，全球平均海平面将比1990年上升0.09～0.88 m。一些极端事件（如高温天气、强降水、热带气旋强风等）发生的频率会增加。(2)我国气候将继续变暖。到2020～2030年，全国平均气温将上升1.7℃；到2050年，全国平均气温将上升2.2℃。我国气候变暖的幅度由南向北增加。不少地区降水出现增加趋势，但华北和东北南部等一些地区将出现继续变干的趋势。

气候变化的影响是多尺度、全方位、多层次的，正面和负面影响并存，但它的负面影响更受关注。全球气候变暖对全球许多地区的自然生态系统已经产生了影响，如海平面升高、冰川退缩、湖泊水位下降、湖泊面积萎缩、冻土融化、河（湖）冰迟冻与早融、中高纬生长季节延长、动植物分布范围向极区和高海拔区延伸、某些动植物数量减少、一些植物开花期提前等等。自然生态系统由于适应能力有限，容易受到严重的、甚至不可恢复的破坏。正面临这种危险的系统包括：冰川、珊瑚礁岛、红树林、热带雨林、极地和高山生态系统、草原湿地、残余天然草地和海岸带生态系统等。随着气候变化频率和幅度的增加，遭受破坏的自然生态系统在数目上会有所增加，其地理范围也将增加。

气候变化对国民经济的影响可能以负面为主。农业可能是对气候变化反应最为敏感的部门之一。气候变化将使我国未来农业生产的不稳定性增加，产量波动大；农业生产布局和结构将出现变动；农业生产条件改变，农业成本和投资大幅度增加。气候变暖将导致地表径流、旱涝灾害频率和一些地区的水质等发生变化，特别是水资源供需矛盾将更为突出。对气候变化敏感的传染性疾病（如疟疾和登革热）的传播范围可能增加；与高温热浪天气有关的疾病和死亡率增加。气候变化将影响人类居住环境，尤其是江河流域和海岸带低地地区以及迅速发展的城镇，最直接的威胁是洪涝和山体滑坡。人类目前所面临的水和能源短缺、垃圾处理和交通等环境问题，也可能因高温、多雨而加剧。

由于全球增暖将导致地球气候系统的深刻变化，使人类与生态环境系统之间业已建立起来的相互适应关系受到显著影响和扰动，因此全球变化特别是气候变化问题得到各国政府与公众的极大关注。

1979 年的第一次世界气候大会（主要由科学家参加）宣言提出：如果大气中的二氧化碳含量今后仍像现在这样不断增加，则气温的上升到 20 世纪末将达到可测量的程度，到 21 世纪中叶将会出现显著的增温现象。1990 年 11 月，第二次世界气候大会（由科学家和部长参加）通过了《科学技术会议声明》和《部长宣言》，认为已有一些技术上可行、经济上有效的方法，可供各国减少二氧化碳的排放，并提出制定气候变化公约的问题。1991 年 2 月联合国组成气候公约谈判工作组，并于 1992 年 5 月完成了公约的谈判工作。1992 年 6 月联合国环境与发展大会期间，153 个国家和区域一体化组织正式签署了《联合国气候变化框架公约》。1994 年 3 月 21 日公约正式生效。截止到 2001 年 12 月共有 187 个国家和区域一体化组织成为缔约方。公约缔约方第一次大会于 1995 年 3 月在德国柏林召开。经过两年的艰苦谈判，1997 年 12 月在日本京都召开的公约第三次缔约方大会上通过了《京都议定书》，为发达国家规定了到2008～2012年的具体的温室气体减排义务。

1988年11月世界气象组织和联合国环境规划署建立了“政府间气候变化专门委员会(IPCC)”，其主要任务是定期对气候变化科学知识的现状、气候变化对社会和经济的潜在影响，以及适应和减缓气候变化的可能对策进行评估，为各国政府和国际社会提供权威的科学信息。自成立以来，IPCC已组织世界上数以千计的不同领域的科学家完成了三次评估报告及“综合报告”。目前，IPCC正在准备编写第四次评估报告，将于2007年完成。此外，还组织编写了许多特别报告、技术报告。IPCC组织编写的这些评估报告，作为制定气候变化政策和对策的科学依据提交给国际社会和各国政府。它不仅为各国政府部门制定气候变化对策提供了科学信息，而且也直接影响着《联合国气候变化框架公约》及《京都议定书》的实施进程，并在荒漠化、湿地等其他国际环境公约的活动中发挥着越来越大的作用。

全球气候变化问题，不仅是科学问题、环境问题，而且是能源问题、经济问题和政治问题。全球气候变化问题将给我国带来许多挑战、压力和机遇。

国际上要求我国减排温室气体的压力越来越大。目前我国二氧化碳排放量已位居世界第二，甲烷、氧化亚氮等温室气体的排放量也居世界前列。预测表明，到2025～2030年间，我国的二氧化碳排放总量很可能超过美国，居世界第一位；目前低于世界平均水平的我国人均二氧化碳排放量可能达到世界平均水平。由于技术和设备相对落后、陈旧，能源消费强度大，我国单位国内生产总值的温室气体排放量比较高。

我国减排温室气体的潜力受到能源结构、技术和资金的制约。煤是我国的主要能源，在我国一次能源消费中，煤炭约占70%。受能源结构的制约，我国通过调整能源结构来减少二氧化碳排放量的潜力有限。如果近期就承担温室气体控制义务，我国的能源供应将受到制约。同时,因缺少相应的技术支撑,我国的经济发展将受到严重影响。因此,我国的能源结构和减排成本决定了我国不可能过早地承诺减排义务。在相当一段时期内,我国应坚持“节约能源、优化能源结构、提高能源利用效率”的能源政策,但是需要相当的技术和资金作为保证。目前发达国家希望通过“清洁发展机制(CDM)”项目,从发展中国家获得减排抵消额。这将为发展中国家获得新的投资和技术转让带来机遇。

我国党和政府对气候变化问题一直非常重视,早在1986年就成立了国家气候委员会,其职责是参加国际有关组织相应的活动,并在开展气候研究、预报、服务等工作中,负责对外的国际合作、交流,对内起到组织协调的作用,并与各有关部门共同协商、配合工作,充分发挥各有关单位的积极性,使气候科学更好地为国家建设服务。1995年成立了国家气候中心,专门从事气候监测、预测和评价等工作,为我国经济建设和社会发展提供了卓有成效的服务。目前,气候变化与生态环境问题已引起党和政府的高度关注。但是总体来看,迄今为止我国还未把适应与减缓气候变化影响的问题真正提上议事日程,这方面的研究仍十分薄弱和不足。由于全球气候变暖可能给我国自然生态系统和社会经济部门带来难以承受的、不可逆转的、持久的严重影响。因此,应对全球气候变暖的影响,趋利避害,应成为我国实施可持续发展时必须重视的问题之一。需要全面深入研究气候变化对我国自然生态系统和国民经济各部门的影响后果、可采取的适应与减缓措施,并在对其进行成本-效益分析的基础上,提出我国适应与减缓气候变化影响的规划和行动计划。

为了宣传和普及气候和气候变化方面的科学知识,提高公众在全球变化问题上的科学认识,我们组织编撰出版这套《全球变化热门话题》丛书。本套丛书一共18册,由国内相关领域的知名专家撰稿,内容包括以下三方面:一是以大量监测数据为基础,揭示全球变化的若干事实及其在各个分系统中的表现形式;二是以太阳辐射、大气化学、大气物理、环境和生态演变等多学科交叉理论为基础，深入浅出地阐述气候变化的成因；三是以可持续发展理论为指导，提出人类适应和减缓全球变化的各种对策、途径和方法。该丛书的出版，旨在使人们对全球变化有清醒而全面的科学认识，从而更加关注全球变化，并且在更高的层次上、更广泛的范围内认识我国在全球变化中的地位和作用，自觉参与人类社会的共同决策，保护人类赖以生存的地球环境。

国家气候委员会主任
中国气象局局长 秦大河

2003年3月23日

目 录

第一章

全球洪涝概览

认清洪涝真面目

2500年前的先秦时代,《管子·度地篇》就说得一清二楚:“五害之首水为大。”人类与洪水斗争贯穿着整个的历史过程,尽管人类已进入信息时代,科学技术有了很大的发展,防洪体系的建设日趋完善,但洪涝灾害依然为自然灾害之首。目前全球各种自然灾害所造成的损失,洪涝占40%,热带气旋占20%,干旱占15%,地震占15%,其余占10%。1997年全球记录到的主要自然灾害事件有538起,其中水灾占26%,风暴灾害占33%,地震灾害占18%,其他占23%。因灾造成的人员死亡12636人,直接经济损失或保险损失超过10亿美元的灾害有6次。特大水灾事件有流经波兰、捷克、奥地利与德国接壤的奥德河、尼斯河流域的百年不遇的洪水,死亡110人,经济损失59亿美元;美国中部和北部发生的两次特大洪水,死亡13人,经济损失22.15亿美元;中国广东、香港地区的特大洪水,28万间房屋被毁,285 人死亡,经济损失 12.5 亿美元。另外,还有南美洲的秘鲁、巴西,非洲的肯尼亚、索马里以及南欧的希腊相继发生特大洪水灾害。

洪灾及其特征

洪灾,即洪涝灾害或洪水灾害的简称。洪涝或洪水是自然界的一种正常现象,洪灾是洪水给人类的生存和社会发展带来不利后果的一种现象。与其他自然灾害(如干旱、地震、火山爆发等)一样,洪灾的发生与否通常总是以人员伤亡或社会财产损失为标志。人类最初是回避洪水,择高而居,洪水淹没的是荒芜的河滩地或没有人烟的洪泛区,不能认为洪水成灾。只是随着生产力的发展,洪泛区被人类侵占、垦殖,洪水才侵犯人类的利益,从而出现洪灾。从这个意义上讲,洪灾是人类试图生活在洪泛区的结果。因此,洪水灾害本质上是人类与自然关系不协调的一种反映,体现了自然界对人类行为的制约。

洪灾是一种自然灾害,指诱发洪灾的因素——洪水基本上是一种自然现象,并非指灾害的出现与人类社会无关。一般讲,一场洪灾成为现实,是下述因素综合作用的结果:

(1) 存在诱发洪灾的因素——灾害性洪水,而灾害性洪水又是在洪水环境系统(孕灾环境)中形成和发展的。

(2) 洪水淹没地区有人居住或分布有社会财产,并因受洪水淹(浸)没受到损害。即存在洪水危害的对象(称为承灾体或受体)。如果洪水发生但未造成任何损失,则不存在受灾之说。

(3) 人们在潜在的或现实的洪灾威胁面前,采取回避、适应或防御洪水的对策。图 1.1 概括了这种复杂关系。

洪灾的一些主要特征

(1) 洪灾具有不确定性。灾害性洪水发生具有随机特点,人们

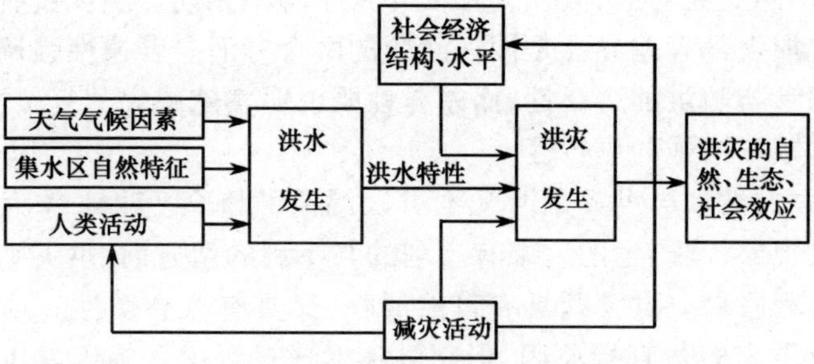

图 1.1 洪水、洪灾与自然、社会和人类的复杂关系

在洪水面前采取的个体而非集体的避洪抗洪行动,从总体看也不能预见,还有对自然现象和社会现象认识的局限性,这些因素的复杂变化导致洪灾具有不确定的性质。作为对这种性质的客观描述,风险分析在洪水灾害分析中占有突出位置。

(2) 洪灾具有普遍性。洪水所到之处,无论是生活设施、基础设施还是生产设备;无论是农作物、树林、牲畜、家禽;无论是属于个人的或是属于集体的,还是国有的财产,除非有专门防护措施,都毫无例外受到危害。人员也是如此。洪灾的危害还波及到灾害以外地区。因此防洪减灾具有广泛的社会效益。

(3) 洪灾具有地域性。洪水淹没范围一般受洪水大小、自然地形、地理因素和人为控制约束。在山区(或河流上游),沿河的边坡地不定期地受到洪水侵袭,灾害范围沿河成带状。在河流中下游,广阔的洪泛平原依靠堤防挡住洪水和依靠蓄滞洪区临时贮存超额洪水,灾害区从天然情况下的成片分布已逐渐被人为地限制在零散分布的小片区域(行洪区、蓄滞洪区内)。可以说通过人们干预,实现了洪灾的空间转移,在这个过程中总损失减少了。

(4) 洪灾损失具有差异性。影响洪灾损失的因素很多,包括淹没深度、水流速度、淹没历时、财产水平及构成、农作物构成及防洪安全建设、预报和警报技术等。在不同淹没区,或同一淹没区不同淹没地点,不同受灾对象,其损失程度与大小均不相同。洪灾具有普遍性与洪灾损失具有差异性是同一问题的两个方面。普遍性强调受灾广泛性和参与防洪的广泛性,而差异性既说明实施减灾的复杂性,又说明优选减灾措施的可行性。

总之,洪水与洪灾是两个不可以混淆的概念。洪水作为一种自然水文现象,其产生的后果有有利的与不利的两方面;洪灾则专指洪水的不利后果。洪灾既具有自然属性,又具有社会属性。尽管洪水是造成洪灾的最直接原因,但在洪灾形成过程中人为因素也具有重要作用。目前,由于防洪工程的建设,发生洪水并不意味发生洪灾,特别是中小洪水一般都能得到有效控制,不致造成危害。

洪涝灾害的主要类型

洪涝灾害包括洪水和雨涝两大类型。洪水是指气候季节性变化引起的特大地表径流不能被河道容纳而泛滥,或因山洪暴发而使江河水位陡涨,导致河堤决口、水库溃坝、道路和桥梁被毁、城镇和农田淹没的现象。雨涝指长期大雨或暴雨造成洼地积水不能及时排除,从而因渍生灾的现象。海面突然上升,使海水登陆而泛滥也可以造成洪涝灾害。由于洪水和雨涝往往同时发生,有时很难区别,所以通常称做洪涝灾害。

暴雨洪水　暴雨洪水是最常见、威胁最大的洪水。它是由较大强度的降雨形成的,简称雨洪。时间主要集中在雨季,北半球主要集中在夏季。雨洪主要威胁江、河、湖、库。河流洪水的主要特点是峰高强度大,持续时间长,面积分散,灾害波及范围广。

暴雨洪水灾害

1913 年 3 月末,洪水淹没了美国俄亥俄、印第安纳、伊利诺伊等州的大片土地,500 人在大水中丧生,数百人失踪。

1927年4月，美国密西西比河洪水泛滥，两岸几十处河堤被冲决，1800万英亩土地被淹没，313人丧生，70万人流离失所。

1935年10月25日，强大的飓风袭击海地后，大湾河、沃尔特罗克河和罗苏河泛滥，热雷米省大片土地遭受水灾，约有2000多人失踪。

1952年7月16～25日，日本和歌山大雨，死亡1124人，伤5819人。

1952年8月11～15日，日本京都大雨，死亡430人，伤994人。

1953年2月1日晨，飓风掀起的海潮，漫过了荷兰10英尺高的防护堤，冲毁了50条堤坝，淹没了50万英亩土地，死亡1835人，50万头牲畜被淹死，7万多人无家可归。

1954年9月中旬，伊朗法拉扎德山洪暴发，洪水淹死了2000多名朝拜的香客。

1957年7月25日，日本九州大雨，死亡922人，伤3860人。

1961年6月29日，日本山阴关东大雨，死亡357人，伤1320人。

1966年11月4～6日，洪水冲击意大利的佛罗伦萨，淹死113人，千余人受伤，6000家手工艺商店被毁，不计其数的无价艺术珍品遭到破坏或冲失。

1968年10月1～4日，印度的西班加、比哈尔和河萨姆三个州遭到洪水和塌方的袭击，估计死亡1000人。

1969年9～10月，突尼斯连续38天下大雨，全国80%的地区被洪水淹没，共有542人丧生，100万头牲畜被淹死，10万多人无家可归。

1970年7月22日载着印度教徒朝圣者的24辆公共汽车和5辆出租汽车在印度被洪水冲到喜马拉雅山麓的一条河里，500多人死亡。

1972年6月10日，美国南达科他州拉皮德城发生大水灾，3700幢房屋倒塌和损坏，5000辆汽车被毁，有236人丧生，几百人受伤。

1972年8月19日，韩国中部地区遭受了近代史上最大的暴雨袭击，463人死亡，数百人受伤，15万人无家可归。

1974年3月，巴西连降倾盆大雨，洪水泛滥。24日，图巴朗大河水位暴涨，淹没图巴朗市，迫使10万人逃往高地，2000人在洪水中丧生。

1978年9月4日，印度加尔各答市外的恒河决口，淹没了几千平方英里的土地，千余人死亡，200多万人无家可归。

1978年10月13日，印度西孟加拉省，有几百万人背井离乡逃避20年来最大的洪水，几千人在洪水中丧生，估计经济损失达20亿美元。

1987年12月8日，泰国南部8个府83个县和乡暴雨成灾，灾民近40万人，至少死亡35人。

1989年8月7日，印度北部、东部和东北部四个邦的广大地区，连日来遭洪水袭击，约有500万人受灾，近30万 hm^2 良田被淹，至少有92人死亡。

我国受暴雨洪水威胁的主要地区有73.8万 km^2，耕地面积3300万 hm^2，大多分布在长江、黄河、淮河、珠江、松花江、辽河等6大江河中下游和东南沿海地区。近代的几次著名水灾，如长江1931年和1954年大水、珠江1915年大水、海河1963年大水、淮河1975年大水等，都是这种类型的洪水。

山洪　我们知道，高山区域内较小的盆地所产生的河流远较流域面积相等的低地所产生的河流为大，因此山区溪沟中容易发生暴涨暴落的洪水，这就是山洪。由于地面和河床坡降都较陡，降雨后会较快形成急剧涨落的洪峰，所以山洪具有突发、水量集中、破坏力强等特点，但一般灾害波及范围较小。这种洪水如形成固体径流，则称作泥石流。

融雪洪水　多为季节性气温正常变化所引发的洪水。主要发生在高纬度积雪地区或高山积雪地区，时间较有规律，有春、夏两次洪水期。有学者研究雪与洪水的关系，认为日照并不是融雪和发生洪涝的重要因子之一，融雪洪水的发生常在晚间气温极高的时候，新雪的融化较已受挤压的陈雪为快。积雪的厚度和性质是预告融雪水量的基础。

冰凌洪水　主要发生在初春，当气候转暖时，这时北方河流封冻的冰块开始融化，由于某些河段由低纬度流向高纬度，在气温上升，河流开冻时，低纬度的上游河段先行开冻，而高纬度的下游段仍封冻，上游河水和冰块堆积在下游河床，形成冰坝，也容易造成灾害。在河流封冻时也有可能产生冰凌洪水，如我国黄河、松花江等北方江河。西藏、新疆、甘肃和青海等地，还存在融雪和融冰洪水或短时暴雨洪水。

溃坝洪水　指大坝或其他挡水建筑物发生瞬时溃决，水体突然涌出，造成下游地区灾害。这种溃坝洪水虽然范围不太大，但破坏力很大。此外，在山区河流上，在地震发生时，有时山体崩滑，堵塞河流，形成堰塞湖。一旦堰塞湖溃决，也形成类似的洪水。这种堰塞湖溃决形成的地震次生水灾的损失，往往比地震本身所造成的损失还要大。

风暴潮洪水　风暴潮指由强烈大气扰动，如热带气旋、温带气旋等引起的海面异常升高现象。沿海验潮站或河口水位站所记录的海面升降，通常为天文潮、风暴潮、海啸及其他长波振动引起海面变化的综合特征。一般验潮装置已经滤掉了数秒级的短周期海浪引起的海面波动。如果风暴潮恰好与天文高潮相叠(尤其是与天文大潮期间的高潮相叠)，加之风暴潮往往夹狂风恶浪而至，溯江河而上，则常常使其影响所及的滨海区域潮水暴涨，甚者海潮冲毁海堤海塘，吞噬码头、工厂、城镇和村庄，使物资不得转移，人畜不得逃生，从而酿成巨大灾难。有人称风暴潮为“风暴海啸”或“气象海啸”，在我国历史文献中又多称为“海溢”、“海侵”、“海啸”及“大海潮”等，把风暴潮灾害称为“潮灾”。风暴潮的空间范围一般由几十公里至上千公里，时间尺度或周期约为1～100小时，介于地震海啸和低频天文潮波之间。但有时风暴潮影响区域随大气扰动因子的移动而移动，因而有时一次风暴潮过程可影响一两千公里的海岸区域，影响时间多达数天之久。

国内外学者多按诱发风暴潮的大气扰动特性，把风暴潮分为由热带气旋所引起的台风风暴潮(或称热带风暴风暴潮，在北美称为飓风风暴潮，在印度洋沿岸称为热带气旋风暴潮)和由温带气旋等温带天气系统所引起的温带风暴潮两大类。我国是世界上两类风暴潮灾害都非常严重的少数国家之一,风暴潮灾害一年四季均可发生,从南到北所有沿岸均无幸免。国内外通常以引起风暴潮的天气系统来命名风暴潮。例如:由1980年第7号强台风(国际上称为Joe台风)引起的风暴潮,称为8007台风风暴潮或Joe风暴潮;由1969年登陆北美的Camille飓风引起的风暴潮,称为Camille风暴潮等。

风暴潮能否成灾,在很大程度上取决于其最大风暴潮位是否与天文潮高潮相叠,尤其是与天文大潮期的高潮相叠。当然,也决定于受灾地区的地理位置、海岸形状、岸上及海底地形,尤其是滨海地区的社会及经济(承灾体)情况。如果最大风暴潮位恰与天文大潮的高潮相叠,则会导致发生特大潮灾,如8923和9216号台风风暴潮。1992年8月28日至9月1日,受第16号强热带风暴和天文大潮的共同影响,我国东部沿海发生了1949年以来影响范围最广、损失非常严重的一次风暴潮灾害。潮灾先后波及福建、浙江、上海、江苏、山东、天津、河北和辽宁等省、市。风暴潮、巨浪、大风、大雨的综合影响,使南自福建东山岛,北到辽宁省沿海的近万公里的海岸线,遭受到不同程度的袭击。受灾人口达2000多万,死亡193人,毁坏海堤1170km,受灾农田193.3万hm^2,成灾33.3万hm^2,直接经济损失90多亿元。

当然,如果风暴潮位非常高,虽然未遇天文大潮或高潮,也会造成严重潮灾。8007号台风风暴潮就属于这种情况。当时正逢天文潮平潮,由于出现了5.94m的特高风暴潮位,仍造成了严重风暴潮灾害。依国内外风暴潮专家的意见,一般把风暴潮灾害划分力四个等级,即特大潮灾、严重潮灾、较大潮灾和轻度潮灾。

风暴潮灾害

风暴潮灾害居海洋灾害之首,世界上绝大多数因强风暴引起的特大海洋灾害都是由风暴潮造成的。在孟加拉湾沿岸,1970年11月13日发生了一次震惊世界的热带气旋风暴潮灾害,这次风暴增水超过6m的风暴潮夺去了恒河三角洲一带30万人的生命,溺死牲畜50万头,使100多万人无家可归。1991年4月的又一次特大风暴潮,在有了热带气旋及风暴潮警报的情况下,仍然夺去了13万人的生命。

1959年9月26日,日本伊势湾顶的名古屋一带地区,遭受了日本历史上最严重的风暴潮灾害。最大风暴增水曾达3.45m,最高潮位达5.81m。当时,伊势湾一带沿岸水位猛增,暴潮激起千层浪,汹涌地扑向堤岸,防潮海堤短时间内即被冲毁,造成了5180人死亡,伤亡合计7万余人,受灾人口达150万,直接经济损失852亿日元(当年价)。美国也是一个频繁遭受风暴潮袭击的国家,并且和我国一样,既有飓(台)风风暴潮又有温带大风风暴潮。1969年登陆美国墨西哥湾沿岸“卡米尔”(camil1e)飓风曾引起了7.5m的风暴潮,这是迄今为止居世界第一位的风暴潮记录。

历史上,荷兰曾不止一次被海水淹没,又不止一次地从海洋里夺回被淹没的土地。这些被防潮大堤保护的土地约占荷兰全部国土的3/7。荷兰、英国、原苏联的波罗的海沿岸、美国东北部海岸和中国的渤海,都是温带风暴潮的易发区域。

中国历史上,由于风暴潮灾造成的生命财产损失触目惊心。1895年4月28、29日,渤海湾发生风暴潮,毁掉了大沽口几乎全部建筑物,整个地区变成一片“泽国”,“海防各营死者2000余人”。1922年8月2日一次强台风风暴潮袭击了汕头地区,造成特大风暴潮灾,据史料记载和我国著名气象学家竺可桢先生考证,有7万余人丧生,更多的人无家可归。这是20世纪以来我国死亡人数最多的一次风暴潮灾害。据《潮州志》载,台风“震山撼岳,拔木发屋,加以海汐骤至,暴雨倾盆,平地水深丈余,沿海低下者且数丈,乡村多被卷入海涛中”“受灾尤烈者,如澄海之外沙,竟有全村人命财产化为乌有”。该县有一个1万多人的村庄,死于这次风暴潮灾的竟达7000多人。当地政府对此不闻不问,结果流行病横行,又死了2000多人。记录到的这次风暴潮值为3.65m,台风风力超过了12级。

上海地区在历史上也曾发生多起非常严重的特大风暴潮灾。其中最严重的一次发生在1696年,“康熙三十五年六月初一日,大风暴雨如注,时方值亢旱，顷刻沟渠皆溢，欢呼载道。二更余，忽海啸，飓风复大作，潮挟风威，声势汹涌，冲入沿海一带地方几数百里。主山纵亘六里，横亘十八里，水面高于城丈许；嘉定、崇明及吴淞、川沙、拓林八、九团等处，漂没千丈，灶户一万八千户，淹死者共十万余人。黑夜惊涛猝至，居人不复相顾，奔窜无路，至于明水退，而积尸如山，惨不忍言”。这是我国风暴潮灾害历史的文字记载中，死亡人数最多的一次。

据统计，汉代至公元1946年的二千年间，我国沿海共发生特大潮灾576次，历次潮灾的死亡人数少则成百上千，多则上万及至十万之多。

中华人民共和国成立后，我国曾多次遭到风暴潮的袭击，也造成了巨大的经济损失和人员伤亡。1956年第12号(Wanda)强台风引起的特大风暴潮，使浙江省淹没农田40万亩*、死亡人数4629人。1969年第3号(Viola)强台风登陆广东惠来，造成汕头地区特大风暴潮灾，汕头市进水，街道漫水1.5m，牛田洋大堤被冲垮。在当地政府及军队奋力抢救下，仍有1554人丧生。但较1922年同一地区相同强度的风暴潮，死亡人数减少了98%。1964年4月5日发生在渤海的温带气旋风暴潮，使海水涌入陆地20～30km，造成了1949年以来渤海沿岸最严重的风暴潮灾。黄河入海口受潮水顶托，加重了灾情，莱州湾地区及黄河口一带人民生命财产损失惨重。另一次是1969年4月23日，同一地区的温带风暴潮使沿海一带海水内侵达30～40km。据统计，1949～1993年的45年中，我国共发生过程最大增水超过1m的台风风暴潮269次，其中风暴潮位超过2m的49次，超过3m的10次，共造成了特大潮灾14次，严重潮灾33次，较大潮灾17次和轻度潮灾36次。另外，我国渤、黄海沿岸1950～1993年共发生风暴潮位超过2m的57次，超过3m的3次，造成严重潮灾4次，较大潮灾6次和轻度潮灾61次。

四十多年中，尽管沿海人口急剧增加，但死于潮灾的人数已明显减少，这不能不归功于我国社会制度的优越和风暴潮预报警报的成功。但随着濒海城乡工农业的发展和沿海基础设施的增加，承灾体的日趋庞大，每次风暴潮的直接和间接损失却正在加重。据统计，中国风暴潮的年均

---

*1亩=666.67平方米

经济损失20世纪80年代后期平均每年约20亿元,90年代前期每年平均76亿元,1992和1994年分别达到93.2和157.9亿元,风暴潮正成为沿海对外开放和社会经济发展的一大制约因素。

洪水是环境系统变化的产物,其发生和发展受自然和人工环境系统作用与制约。例如,天气系统的变化是造成暴雨,进而引发暴雨洪水的直接原因,而流域下垫面特征和兴修水利工程等人类活动则直接或间接地影响洪水过程及其特性。从洪水成因而言,洪水仍是一种客观存在的自然现象,洪水发生的地点、时间及量级常难以预知。然而,人们总是试图控制洪水,随着这种努力的增加,造成灾害的洪水(称灾害性洪水)出现的可能性越来越小。

另一方面,洪水也对环境系统产生有利的或不利的影响。河道适时行洪可以延缓某些地区植被过快地侵占河槽,抑制某些水生植物过度“有害”生长,并为鱼类提供更好的产卵基地;洪水周期性地淹没河流滩地、岸边地带和洪泛区,为陆生植物群落生长提供水源和养料,为动物群落提供极好的觅食、隐蔽和繁衍栖息场所和生活环境;洪水携带泥沙淤积在下游河滩地,造就富饶的冲积平原。

与此相反,洪水所产生的不利后果对自然生态系统和社会经济系统会产生严重的冲击,破坏自然生态系统完整性和稳定性。洪水淹没河滩,突破堤防,淹没农田、房屋,毁坏社会基础设施,造成财产损失和人畜伤亡,对人们生存、生活环境造成破坏性影响,甚至干扰社会的正常运行。由于社会经济的发展,洪水的不利作用或危害已远远超过其有利的一面,洪水灾害往往成为社会关注的焦点。

天然洪水发生时,因水流泛滥而淹没的平原地区称为洪泛区(洪泛平原),如江河沿岸、河口三角洲、湖泊、水库周边及海岸地带等。洪泛区并非常年淹没,同时在人类居住、发展生产和从事经济活动等方面具有许多优越条件,如土地肥沃、水源充沛、交通便利等。因此洪泛区逐步得到开发利用，世界上许多洪泛区已成为人口稠密、经济发达的地区。在日本，洪泛区面积占国土面积的10%，居住的人口却占全国一半以上，聚集的财富约占全国的70%。荷兰约有80%的土地依靠海堤保护。

全球洪涝分布

全球洪涝灾害的发生越来越频繁，强度越来越大，对人类社会的影响和生态环境的破坏越来越大，造成经济财产的损失越来越重。百年一遇的大洪水世界各地时有发生，风暴潮、山洪的暴发也愈来愈多，强度愈来愈大。

据不完全统计，自公元前206年到公元1949年的2155年间，中国各地较大的暴雨洪水灾害有1092次，平均每两年一次。20世纪以来，我国先后发生多次严重的暴雨洪水，造成严重灾害。如长江流域1931、1935、1954、1991、1998年都发生过特大洪水。

中国洪涝灾害多发区在江淮以南及沿海地区，其中江南北部至长江中下游出现最多。中国北方气候干燥，雨水较少，由于气候异常，也常有洪涝发生。近百年来大范围严重洪涝，东北9次，华北7次，江淮9次，长江至江南北部16次，江南南部及华南8次。

中国最北方的东北地区近百年来最严重的两次大洪水发生在1932和1957年。1932年6～8月松花江、乌苏里江流域阴雨连绵，暴雨频繁，哈尔滨5天总雨量达205.5mm。嫩江、松花江各支流洪水汇入干流，松花江干流出现特大洪水，最大流量达16 200m^3/s。受洪水影响，嫩江中下游及松花江干流沿岸形成大范围的洪泛区，淹没耕地3000万hm^2，哈尔滨松花江大堤溃决20多处，市区一片汪洋，水淹达1月之久。有23.8万人受灾，2万多人丧生，12万人颠沛流离。

近年来世界各地气候异常，灾害加剧。据“世界气象组织”发布的公报，2001 年世界气候异常，气温升高，飓风频繁，暴雨成灾，干旱严重，为历史上所罕见。2001 年出现自 1860 年以来 141 年中居第二位的高温年，仅次于 1998 年，年平均气温超过平均值 0.42℃，5 月巴基斯坦部分地区气温高达 50℃。由于气候异常，2001 年飓风、台风、暴雨频频发生。在北大西洋一年中出现 15 个台风，远超过正常年，破坏性极大。英国、法国、匈牙利、波兰、澳大利亚、莫桑比克、赞比亚、印尼等地连续暴雨引发水患，造成人员和财产损失，暴雨使莫桑比克和赞比亚 200 多人丧生，伊朗北部水灾夺去 183 条人命，印尼 19 个县被淹，波兰发生严重水灾，迫使 14 万人搬迁。阿根廷有 320 万 hm^2 的农田被淹，几内亚的尼日尔河流域发生十年来最大的洪水，淹没 17 000hm^2 耕地。11 月阿尔及利亚发生 40 年来最大的水灾，仅首都阿尔及尔就有数百人死亡。在亚洲、非洲、美洲的一些地区却出现严重干旱。

2002 年世界各地气候仍然异常，欧洲、南亚、南美大陆出现百年一遇的大洪水，而北美遭受 50 年来最严重的旱灾，全球数以千万计的灾民流离失所，忍饥挨饿。由于德国、奥地利、捷克等国连降暴雨，使多瑙河水位猛涨，出现历史上最大的洪峰。匈牙利在多瑙河及其支流的 700 多公里长的河段上实行防洪戒备。百年不遇的暴雨和洪水使欧洲中东部损失惨重，造成百余人丧生，百余人失踪，数十万人无家可归，洪水造成的经济损失更是难以估算。在捷克，暴雨使河水暴涨，全国五个地区进入紧急状态，布拉格 20 万人大疏散，出现二战时的逃难场面。在德国东部和南部，洪水造成至少 6 人丧生，数十人失踪，上万人被困，在中北部也有数十个城镇受到洪水袭击，多条河流水位超过警戒线，两岸多座城市被淹，多瑙河水位创百年最高记录，洪水造成的经济损失是近 50 年罕见的。在俄罗斯南部黑海地区，4000 多名游客被洪水围困，洪水已造成至少 59 人死亡，数十人失踪，30 多辆汽车沉入海底，洪水使 18 座城镇被淹，3 万多人被围困,2.1万座房屋被淹没,经济损失超过10亿卢布。奥地利受灾人数超过6万,洪水造成的直接经济达数十亿欧元。在罗马尼亚,洪水、冰雹、龙卷使全国半数地区严重受灾。在南亚,水患严重,多个国家出现严重水灾和泥石流,水灾已造成近千人丧生,数以万计居民痛失家园,印度东南部遭受25年来最严重的洪水袭击。

由于气候变暖,南北极冰山的消融,海水上涨,地球极端事件不断增加,沿海地区的风暴潮、台涝也越来越严重。例如2001年4~7月广东省因风、涝灾害造成的直接经济损失达81.48亿元,仅台风“玉兔”造成的粤西三市直接经济损失达8.25亿元。7月正面袭击广东的台风高度集中,“榴莲”、“尤特”、“玉兔”先后光顾,创20天内三个台风接踵登陆的罕见现象,三次台风均扫过广东省4000多公里的海岸线,粤东、粤西所有沿海城市无一幸免地遭到损失。

第二章

中国洪涝概览

中国是世界上洪涝灾害频繁而严重的国家之一,洪涝对社会经济和环境的影响是多方面的。

首先,造成粮食减产。据估算,我国洪涝灾害中的涝渍灾害减产粮食从20世纪50年代的平均每年50亿kg增加到80年代的每年91亿kg,40年中平均每年减产粮食62亿kg。以每年人均耗粮200kg计算,相当于每年夺走3100万人口的全年用粮。如果计算全部洪涝灾害的粮食减产量则更加惊人,以世界公认的洪涝灾害减产粮食比例,X(洪涝总减产量):Y(涝渍减产量)=10:7计算,我国40年平均每年减产粮食近90亿kg,相当于一个中等国家的全年用粮数。

其次,经济损失日益加大。20世纪50年代,我国洪涝灾害的单位面积综合经济损失值为2190元/hm^2,60年代为3255元/hm^2,70年代为5880元/hm^2,80年代达12120元/hm^2。经济愈发达的地区,其洪涝综合损失值也愈大。例如,江苏省的太湖流域地区,60年代为

5565 元/hm^2,略高于全国平均值;到 80 年代猛增到 30000 元/hm^2,为同期全国平均值的 2.5 倍。

第三,破坏土地资源和生态环境。暴雨、洪水、山洪、泥石流和内涝等洪涝造成大量水土流失、土地沙化和盐碱化以及江河湖滩淤积等众多短时难以消除的危害。北方黄土高原的严重水土流失区每年平均剥蚀表土近 10mm,南方和北方山地丘陵表土本身极薄,土壤的剥蚀影响更大。据泥石流危害最重的云南、四川、甘肃三省统计,1950~1990 年泥石流共毁坏耕地约 7.6 万 hm^2。

中国洪涝分布

洪涝灾害为何影响如此之大,这是与我国洪涝的时空分布状况分不开的。

中国洪涝时间分布状况

时间分布即时间变化问题,包括季节变化、年际变化和多年变化。我国夏季多雨易涝,冬季少雨干旱,其间洪涝也随之增多和减少,这种明显的季节变化人人都有切身体验。而在一段较长时间内,例如几十年、几百年甚至数千年,洪涝问题是否也有变化,变化的状况如何,就不像季节变化那么简单明了,需要运用大量的历史资料和相关的数理统计方法才能揭示其规律。

历史时期水灾概况

中华民族有五千年文明史,有关水灾的文字记载可以追溯到四千年前。古代关于水灾的文字记述非常简略,能保存至今的史料很少,及至近代,史料渐多,记载也比较详细。

早在远古时代,就有“女娲补天”的神话故事。相传夏禹时期,黄河流域出现特大洪水,“汤汤洪水方割,荡荡怀山襄陵,浩浩滔天,下民其咎”(见《尚书·尧典》),有夏禹治水的传说。到秦汉时期,已有比较正规的水旱灾害记载史料,此后逐渐增多。据《中国救荒史》和《中国水旱灾害》统计资料,从汉代至民国,即公元前206年至1949年前后2155年间,我国共计发生水灾1050次,平均约2年发生一次。中国历代水灾统计见表2.1

表2.1 中国历代水灾统计表*

朝代	起止年份	年数	水灾次数	频率(%)
汉代	公元前206～公元220	426	76	17.8
魏晋	220～420	200	56	28.0
南北朝	420～581	161	77	47.8
隋唐	581～907	326	120	36.8
五代	907～960	53	11	20.8
宋代	960～1271	311	193	62.1
元代	1271～1368	97	92	94.8
明代	1368～1644	276	196	71.0
清代	1644～1911	267	192	71.9
民国	1911～1949	38	37	97.4
共计	公元前206～公元1949	2155	1050	48.7

* 1936年前资料引自《中国救荒史》,其余资料引自《中国水旱灾害》。

上述历史水灾统计,由于受多种因素影响,只能看作一个粗略结果。但从各个朝代水灾频次分布来看,我国历史水灾随时间的分布状况有两个很明显的特点:一是水灾频率愈来愈高,从汉代的17.8%发展到民国时期97.4%,即2000余年来水灾频率增长了79.6个百分点,平均每百年增加约4个百分点;二是水灾频率还呈现高低波动变化,在南北朝、元代和民国3个历史时期水灾频率明显高于其前后的历史时期。

近代水灾变化

从鸦片战争(1840)到新中国成立(1949年)的百余年间,中国逐渐沦为半封建半殖民地社会。一方面,外强入侵,封建专制腐败,民不聊生,防御洪水灾害的能力极低;另一方面,19世纪40年代后,七大江河(松花江、辽河、海河、黄河、淮河、长江和珠江)相继进入洪涝多发期,发生了多次历史特大洪水。例如,松花江1932年特大洪水;海河1917年和1939年特大洪水;黄河1941、1943、1855、1933、1935和1938年特大洪水;淮河1921年和1931年特大洪水;长江1849、1860、1870、1931和1935年特大洪水;珠江1915、1947和1949年特大洪水。因此,近代我国洪涝灾害极为频繁和严重。

根据《中国水旱灾害》初步统计,1840～1949年间,七大江河发生特大洪涝共计17次,频率为15.5%;发生特大洪涝和大洪涝合计57次,频率为51.8%;发生三级洪涝(特大洪涝、大洪涝和一般洪涝)达92次,频率为83.6%。全国每年因水灾受灾县(市)数统计列于表2.2。

表2.2 近代全国水灾受灾县数统计(1840～1949年)

年份	受灾县数	年份	受灾县数	年份	受灾县数	年份	受灾县数
1840	143	1854	70	1868	154	1882	200
1841	176	1855	106	1869	151	1883	230
1842	76	1856	91	1870	189	1884	117
1843	97	1857	89	1871	171	1885	176
1844	107	1858	62	1872	108	1886	204
1845	50	1859	56	1873	148	1887	206
1846	126	1860	99	1874	63	1888	206
1847	80	1861	63	1875	67	1889	253
1848	222	1862	76	1876	84	1890	227
1849	258	1863	90	1877	74	1891	68
1850	113	1864	103	1878	114	1892	220
1851	109	1865	76	1879	111	1893	179
1852	128	1866	133	1880	63	1894	198
1853	191	1867	125	1881	90	1895	207

续表

年　份	受灾县数	年　份	受灾县数	年　份	受灾县数	年　份	受灾县数
1896	180	1910	172	1924	124	1938	167
1897	165	1911	229	1925	71	1939	225
1898	233	1912	97	1926	83	1940	111
1899	114	1913	110	1927	43	1941	68
1900	81	1914	158	1928	68	1942	109
1901	123	1915	302	1929	87	1943	130
1902	63	1916	111	1930	180	1944	68
1903	101	1917	324	1931	592	1945	113
1904	109	1918	146	1932	201	1946	160
1905	114	1919	170	1933	244	1947	332
1906	210	1920	81	1934	215	1948	335
1907	116	1921	155	1935	368	1949	354
1908	134	1922	110	1936	147		
1909	226	1923	111	1937	269	平均	150

在此期间，全国平均每年有150个县市遭受不同程度的水灾(台湾省资料未统计在内)，最严重的水灾年份，多达592个县市(1931年)，最轻微的水灾年份也有43个县市(1927年)遭受水灾影响。有70%的年份，水灾县市数在100个以上。

近代我国洪涝灾害随时间的变化，同历史时期一样，也呈现出增长的趋势性和振动的周期性变化两大特征。前42年(1840～1881年)，平均每年受灾县市约120个，明显低于近代总平均值150个；后68年(1882～1949年)，平均每年受灾县市达174个，高于总平均值。其中最后的20年间(1930～1949年)，平均受灾县市数高达219个。因此，近代水灾随时间的增长趋势是非常明显的。近代水灾随时间振动的周期性，表现多种多样，存在长短不同的振动周期。简单地说有三种：一种是百年左右的周期，气候变化研究中通常称为世纪周期，如上面所说的，近百年来我国水灾受灾县市数表现为前低后高的趋势，在历史的长河中，其实它也是一种周期振动；另一种为50～60年左右的周期变化，近百年来水灾县市数表现为两低谷期(1840～

1881年和1900～1929年)和两高峰期(1882～1899年和1930～1949年);第三种周期更短,大约每隔15～25年重复出现一个重灾期和一个轻灾期。有兴趣的读者,不妨自己利用上述我国近代水灾资料的列表,采用不同的分段统计办法,来揭示一些有趣的时间序列变化特性。

现代水灾情况

新中国成立以来,党和政府十分重视水利建设和防灾减灾工作,其中,尤其是大江大河的防洪建设被列为水利工作的重点。经过50余年的水利建设和综合治理,主要江河一般性洪涝灾害得到控制,过去“大雨大灾,小雨小灾,无雨旱灾”的局面已有明显改观。但是,一方面由于暴雨洪水是一种自然现象,不可能被消除,只能防御其造成的灾害;另一方面,国民经济的快速发展,人口激增也带来一些负面影响,如在河流上游的山区毁林垦荒,中下游围滩筑垸、围湖造田和与水争地的发展速度超过以往的历史时期,其结果是在一定程度上抵消了水利建设和综合治理的正面效果。当遭遇特大洪水时,灾情和损失仍然十分严重。

1950年以来,全国在加强水利建设的同时,各地对历年遭受洪涝灾害的水情、雨情和灾情都有比较具体的记录资料。1990年水利部组织编写中国水旱灾害系列专著时进行了系统的整理,1950～1990年全国历年水灾灾情(包括农田受灾和成灾面积、成灾率、倒塌房屋及死亡人口等)列于表2.3。

表2.3　现代全国历年水灾灾情统计(1950～1990年)

年份	农田面积(万 hm^2)		成灾率	倒塌房屋	死亡人口
	受灾	成灾	(%)	(万间)	(人)
1950	655.9	471.0	71.8	130.5	1982
1951	417.3	147.6	35.4	31.8	7819
1952	279.4	154.7	55.4	14.5	4162
1953	718.7	328.5	45.7	322.0	3308
1954	1613.1	1130.5	70.1	900.9	42447

续表

年　份	农田面积(万 hm^2)		成灾率	倒塌房屋	死亡人口
	受　灾	成　灾	(%)	(万间)	(人)
1955	524.7	306.7	58.5	49.2	2718
1956	1437.7	1090.5	75.9	465.9	10676
1957	808.3	603.2	74.6	371.2	4415
1958	427.9	144.1	33.7	77.1	3642
1959	481.3	181.7	37.8	42.1	4540
1960	1015.5	497.5	49.0	74.7	6033
1961	891.0	535.6	60.1	146.3	5074
1962	981.0	631.8	64.4	247.7	4350
1963	1407.1	1047.9	74.5	1435.3	10441
1964	1493.3	1003.8	67.2	246.5	4288
1965	558.7	281.3	50.3	95.6	1906
1966	250.8	95.0	37.9	26.8	1901
1967	259.9	140.7	54.1	10.8	1095
1968	267.0	165.9	62.1	63.0	1159
1969	544.3	326.5	60.0	164.6	4667
1970	312.9	123.4	39.4	25.2	2444
1971	398.9	148.1	37.1	30.2	2323
1972	408.3	125.9	30.8	22.8	1910
1973	623.5	257.7	41.3	72.3	3413
1974	643.1	273.7	42.6	120.0	1849
1975	681.7	346.7	50.9	754.3	29653
1976	419.7	132.9	31.7	81.9	1817
1977	909.5	498.9	54.9	50.6	3163
1978	282.0	92.4	32.8	28.0	1796
1979	677.5	287.0	42.4	48.8	3446
1980	914.6	502.5	54.9	138.3	3705
1981	862.5	397.3	46.1	155.1	5832
1982	836.1	446.3	53.4	341.5	5323
1983	1216.2	574.7	47.3	218.9	7238
1984	1063.2	539.5	50.7	112.1	3941
1985	1419.7	894.9	63.0	142.0	3578
1986	915.5	560.1	61.2	150.9	2761
1987	868.6	410.4	47.2	92.1	3749
1988	1194.9	612.8	51.3	91.0	4094
1989	1132.8	591.7	52.2	100.1	3270
1990	1180.4	560.5	47.5	96.6	3589
平　均	780.4	430.8	55.2	190.3	5500

41 年来(1950～1990 年),全国平均每年受灾农田面积 780.4 万 hm^2,其中,成灾(受灾减产达 3 成以上)面积 430.8 万 hm^2,平均成灾率(成灾面积除以受灾面积)55.2%。平均每年倒塌房屋 190 万间,水灾死亡人口 5500 人。受灾面积超过 1000 万 hm^2 的有 11 年,约占总年数的 1/4,成灾面积超过 1000 万 hm^2 的有 4 年,受灾和成灾面积最大的都是 1954 年,分别达 1613.1 万和 1130.5 万 hm^2;而倒塌房屋和死亡人口比较突出地集中在少数发生特大暴雨洪水的年份,如倒塌房屋数达 400 万间以上、死亡人口达 1 万人以上的只有 4 年,分别是 1954、1956、1963 和 1975 年。其原因是 1954 年发生了长江、淮河流域特大暴雨洪水,1963 年和 1975 年分别出现了"63·8"海河流域特大暴雨及"75·8"淮河上游特大台风暴雨,1956 年全国虽然没有发生特大暴雨洪水,但淮河、海河和松花江流域仍出现较大洪水,特别是受台风影响,浙江沿海地区遭受严重风暴潮灾害,造成大量房屋倒塌和人员伤亡。

综合分析 41 年全国洪涝变化过程,受灾、成灾和成灾率变化大体上可分为三阶段:1954～1964 年为丰水多灾期,长江、淮河、黄河、海河和松花江等大江大河都先后发生了大洪水,阶段受灾面积达 1000 万 hm^2 以上,成灾面积 650 万 hm^2 以上,成灾率近 65%;1965～1978 年全国气候偏旱,没有发生严重洪涝灾害,农田受灾面积下降到 500 万 hm^2 以下,成灾面积约 215 万 hm^2,成灾率约 46%;1979～1990 年全国受灾面积又回升,达 1023 万 hm^2,并超过了第一阶段,其成灾面积和成灾率也呈回升之势,分别约为 530 万 hm^2 和 52%。从 41 年来全国水灾受灾、成灾及成灾率逐年变化图(见图 2.1)来看,上述三个阶段的起伏振动是一目了然的。其中,成灾率还显示出有明显下降的趋势,第三阶段比第一阶段平均约下降 13 个百分点。而水灾受灾和成灾面积的多年趋势变化还不十分明显。究其原因,成灾率的下降趋势当与现代大力开展水利建设、农田水利化和防灾减灾措施等有关,而受灾大小的主要因素是干湿气候变化,在短时期内很难显现其变化趋势。

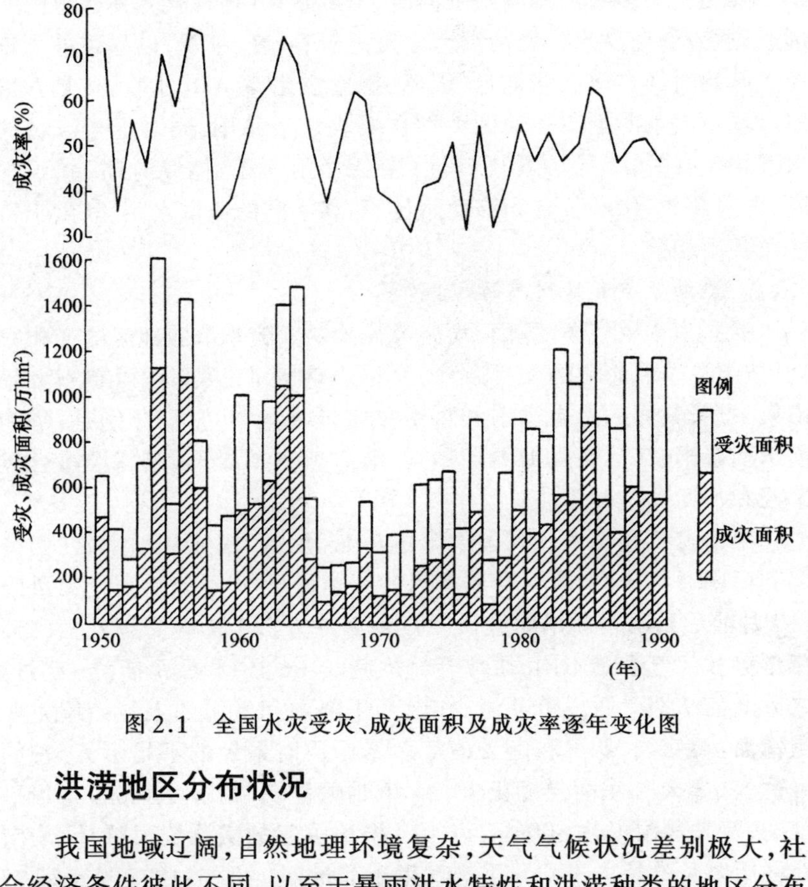

图 2.1　全国水灾受灾、成灾面积及成灾率逐年变化图

洪涝地区分布状况

我国地域辽阔，自然地理环境复杂，天气气候状况差别极大，社会经济条件彼此不同，以至于暴雨洪水特性和洪涝种类的地区分布状况千差万别。

洪水地区分布

我国江河众多，流域面积在 1000km^2 以上的河流有 5800 多条。按河流洪水的成因可以分为暴雨洪水、融雪洪水和冰凌洪水三类。各类洪水都可以造成洪涝灾害，但影响范围最广、时间最长和危害最大的是暴雨洪水。

我国绝大多数河流属雨洪河流，即洪水是由降雨，尤其是暴雨所形成，通称暴雨洪水。暴雨洪水多发生于春、夏、秋季，以夏季最为集中。起始时间自南向北推迟，因此，暴雨洪水季节南方最长，北方最短。暴雨洪水的季节和地区特性主要决定于暴雨，同时也与流域的水系状况有关，不同的暴雨特性（包括暴雨面积、持续时间、暴雨强度、降雨总量、中心位置和移动路径等）和不同的流域水系，其洪水特性也各不相同。

①暴雨季节和地区特性

我国为季风气候，降雨、气温等气候要素随季节和地区的变化很大，按照夏季风影响的先后顺序，全国由南到北、从东往西有五大暴雨集中期，其间的暴雨洪水和洪涝灾害最为集中，它们分别是：华南前汛期暴雨、江淮初夏梅雨期暴雨、北方盛夏期暴雨、东部沿海台风暴雨和华西秋季暴雨。

华南前汛期暴雨　我国大陆的广东、广西、福建和湖南、江西南部和海南通称华南，每年受夏季风的影响最早（4 月前后），结束最晚（10 月前后），雨季和汛期最长（约 4～9 月），由于影响降雨的大气环流形势和天气系统不同，通常有前汛期（4～6 月）和后汛期（7～9 月）之分。前汛期受西风带环流影响，产生降雨和暴雨的天气系统主要是锋面、切变线、低涡和南支槽等。暴雨历时最短的不足 1 天，长的可达 5～7 天。暴雨强度很大，24 小时雨量在 200～400mm 是很平常的，特大暴雨可达 800mm 以上。根据多年的实测资料统计，华南地区历时长的特大暴雨几乎都发生于前汛期。例如：1977 年 5 月 27～31 日，广东陆丰白石门水库 5 天总降雨量达 1461mm；1973 年 5 月 24～30 日，广东台山果子园 7 天总雨量 1268mm；1964 年 6 月 13～15 日，福建连城 3 天总雨量 1104mm。

江淮初夏梅雨期暴雨　每年初夏时期（6 月中旬至 7 月上旬），在长江中下游、淮河流域至日本南部这一近似东西向的带状地区，都会维持一条稳定持久的降雨带,形成降雨非常集中的特殊连阴雨天气,其降雨范围广,持续时间长,暴雨过程频繁,是洪涝灾害最集中的时期。因此时正是江南特产梅子成熟之际,故称"江淮梅雨"或"黄梅雨";又因梅雨期气温较高,空气湿度大,衣物、食品等容易霉烂,故又有"霉雨"之说。根据百余年的资料统计分析,梅雨一般在6月中旬前后开始,气象中称为"入梅";7月上旬末或中旬初结束,称为"出梅"。但是,每年入梅和出梅时间的早晚、梅雨期长短以及梅雨量大小的差别很大。近百年来,大约半数的年份入梅日期在6月6~15日之间,最早的为5月26日(1896年),最晚在7月4日(1947年),早晚相差达40天。出梅日期多数年份为7月6~10日,最早为6月16日(1961年),最晚在8月1日(1954年),早晚相差1个半月。一般梅雨期可持续25天左右,最长的为65天(1896年),其次为50天(1954年),最短的只有6天(1971年)。少数年份,连续降雨日不足6天,称为"空梅",近50年来,有1958、1965和2001年等为空梅年。

江淮梅雨期暴雨特点是雨区范围广,持续时间长,暴雨强度并不会太大,最大24小时暴雨量一般为400~500mm,可以反复多次出现。梅雨期的早晚、长短和降雨量大小,对长江中下游和淮河流域水旱灾害的影响很大。例如,1931年和1954年江淮地区特大洪水,主要就是梅雨期很长,梅雨量特大造成的;而在重大干旱年份,其梅雨期一般都很短,梅雨量也很小,甚至为空梅年。

北方盛夏期暴雨 江淮梅雨结束后,7月中下旬我国的主要降雨带进一步北移,华北、东北和西南地区进入一年中降雨最集中时期。据上述地区气象台站观测资料统计,7月和8月暴雨发生的频次约占全年的80%~90%,其中又以7月中下旬和8月上旬前后约1个月最为集中,许多特大暴雨洪涝灾害多发生于这一时期。例如,1975年8月河南特大暴雨、1963年8月海河特大暴雨、1953年8月辽河大暴雨和1981年7月四川盆地大暴雨等,都造成了严重洪涝灾害。盛夏暴雨特点是强度大,雨区范围比较小,24小时最大暴雨量一般为 300～400mm，在山地迎风坡可达 800mm 以上，一场暴雨总量可超过 2000mm。

东部沿海台风暴雨　从天气系统的角度来说，形成降雨和锋面的天气系统除西风带的低压槽、低涡、切变线以外，产生于热带洋面上空的台风也是极为重要的，台风暴雨是造成我国沿海地区洪涝灾害和风暴潮灾害的重要因素。台风是在西北太平洋和南海热带洋面形成的一种很强的热带气旋系统，通常依据其中心风力大小又有不同的名称：中心最大风力在 12 级以上称为台风，10 级至 11 级称为强热带风暴，8 级至 9 级称为热带风暴，8 级以下的称热带低气压。每年在西北太平洋上生成的台风个数多少不同，最多的年份达 40 个(1967 年)，最少只有 20 个(1951 年)，多年平均 28 个。同时，台风生成的多少以及登陆台风次数还有明显的季节性，虽然全年在西北太平洋都可能有台风出现，但以 7～10 月最多，约占全年 70%；在我国大陆沿海地区登陆的台风，集中在 7～9 月，约占 78%；登陆台风个数年平均约 7 个左右，占台风总数的 25%，即每年 4 个台风中可能有 1 个登陆台风。

台风是最强的暴雨天气系统，我国有很多特大暴雨记录都是由台风造成的，如 1967 年 10 月，台风在台湾省新寮地区创造了 1 天暴雨量 1672mm、2 天暴雨量 2259mm 和 3 天暴雨量 2749mm 的记录。台风登陆后深入内地也会产生特大暴雨，造成严重洪涝灾害，如 1975 年 8 月河南林庄 24 小时暴雨量 1060mm，1955 年 8 月湖南梅城 401mm，1983 年 7 月海南天池 962mm，1974 年 8 月山东石埠子 499mm，1984 年 8 月天津马棚口 540mm 等都是由台风登陆后形成的。

华西秋季暴雨　每年 9～10 月间，是影响我国大陆地区的夏季风向南撤退的时期，大陆东部地区先后进入秋季，降雨明显减少，气温下降，其天气气候特征可以用"秋高气爽"四个字来概括。但在大陆的西南地区，北起陕西、甘肃南部，南至云贵高原，西自川西山地，东到汉江上游和长江三峡，总面积约 60 万 km^2 的地区，出现第二个降雨集中期，气象学家称为“华西秋雨”，水文学家则称为“秋汛”，而当地民间有“秋霖”之称。其间也会出现秋季暴雨，暴雨中心位于四川东北部大巴山一带，降雨范围大，持续时间长，而降雨强度一般，并不太大，且多夜雨。秋雨的这些特点，不仅为气象学家和水文学家所重视，进行过大量的专题研究；自古以来也多为文人所乐道，写下了许多脍炙人口的诗句，如“巴山夜雨涨秋池”及“何当共剪西窗烛，却话巴山夜雨时”等。

②洪水季节和地区特性

不同成因的洪水，其季节和地区特性彼此不同。与前面介绍的暴雨特性相联系，这里主要说明我国的暴雨洪水季节和地区特性。简而言之，暴雨洪水的季节和地区特性是同雨季和暴雨变化基本一致的。

一般来说，降雨(包括暴雨)季节和地区特性是用雨季和暴雨变化来反映，而洪水则可以用汛期和洪峰流量分布来说明。

江河汛期分布　各江河的汛期如何确定，并没有一个明确统一的办法或标准，但大体上来说有两种办法来划分：一种办法是用水文站多年观测的逐月或逐旬平均流量大小来确定汛期，超过某一流量即为汛期开始，而低于某一流量就是汛期结束；另一种方法根据水文站实测洪峰出现时间来确定汛期起止时间。图 2.2 就是以大洪水的洪峰出现频率来确定的我国各大江河及其主要支流汛期起始和终止的时间分布图。这里所说的“大洪水”是指大于和等于年最大洪峰流量多年平均值的洪水。图中的汛期和主汛期则是分别以包含 90% 和 80% 的大洪水频次为标准的。举例来说，长江宜昌站从 1877 年至 1990 年有 114 年实测资料，其历年最大洪峰流量的多年平均值为 51750m^3/s，在 114 年中大于和等于这一平均值的大洪水有 64 年次，其中有 58 次(占 90.6%)大洪水的洪峰是出现在 7 月上旬至 9 月上旬之间，因此这就是它的汛期；又有 52 次(占有 81.2%)大洪水的洪峰是出现在 7 月上旬至 8 月中旬之间，这便是它的主汛期。

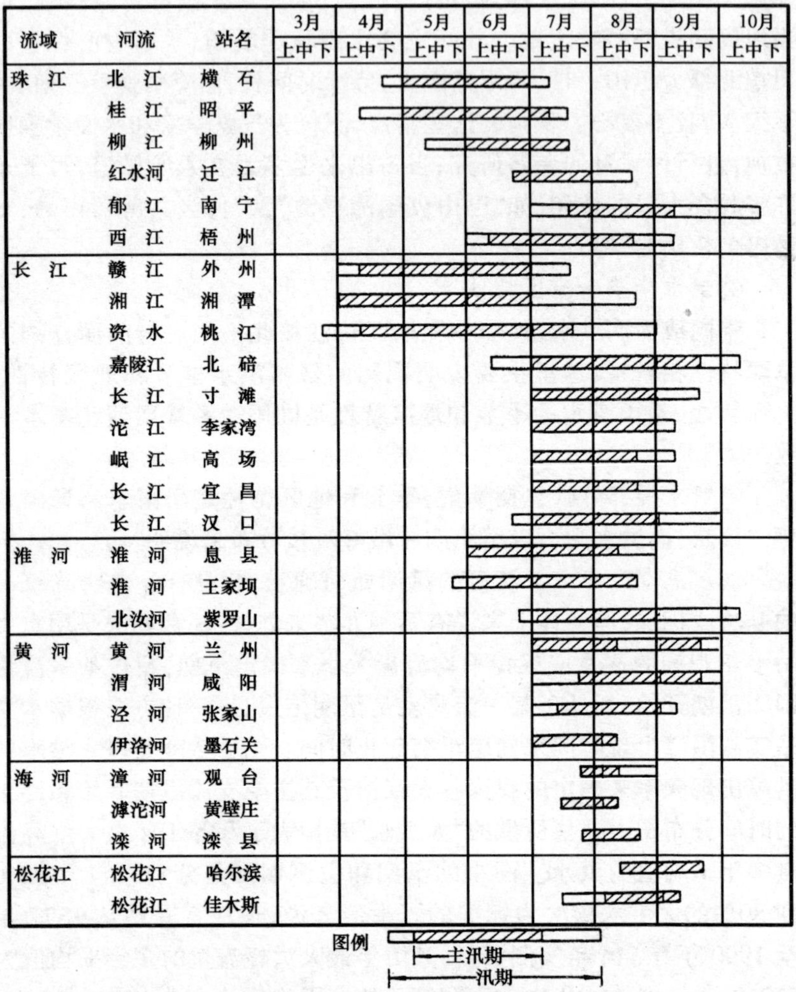

图 2.2 中国主要河流汛期起始和终止时间分布

从图 2.2 划分的我国主要江河汛期和主汛期分布来看,地区间的差异是很明显的,不同河流及同一河流的各支流的干流,其汛期开

始和结束的早晚、汛期长短彼此不同,且差别很大,其地区分布规律可以概括如下:

第一,汛期开始时间是从东南向西北推迟。珠江流域东部和长江流域江南诸河流从 4 月上旬前后即率先进入汛期,随后即扩展到全流域;淮河流域于 5 月底、6 月初入汛,而黄河流域上游、海河流域和松花江、辽河等则最晚至 7 月初才进入汛期。全国入汛早晚相差约 3 个月。

第二,汛期结束时间大体上是自北向南推迟。东北、华北各河流于 8 月底前后汛期就结束,而珠江流域西部和长江上游各河流迟至 9 月底、10 月初汛期才结束。全国汛期结束时间早晚相差 1~2 个月。

第三,全国各河流汛期长短差别很大。长江和珠江的汛期一般为 4~9 月,前后持续达半年;而华北和东北各河流的汛期一般为 7~8 月,个别河流的汛期和主汛期只有 1 个月左右的时间。

洪水的峰量特征 通常,衡量一次降雨的大小或多少,是用降雨量来表示的。计算降雨量的方法则是根据在某一确定的时间内(如 1 小时、12 小时、24 小时等)落在单位面积上(如 $1cm^2$)的雨水深度来计算的。例如说今天的降雨量为 10mm,即表示今天降落在单位面积上的雨水有 10mm 深。同样,衡量一次洪水的大小是用洪水流量来表示的,洪水流量大小是在单位时间内(通常以秒计算)流过某一河道横断面积总水量的多少(以立方米计算)。但是,一次洪水过程的流量大小是随时在变化的,通常是用河流水位涨得最高、流量最大时的所谓洪峰流量来反映洪水特征。

流入河道的洪水是流域面积上的降雨量通过不断的汇集(水文学中称为径流),从流域的四面八方最后流入河道形成洪水。因此,洪水和洪峰的大小与汇水面积、降雨范围、降雨强度、持续时间和下垫面状况等诸多因素有关,洪水量级的地区间差别很大。为了便于比较,将全国多年来实测或调查的 6000 多个河段最大流量值(集水面积 500~$5000km^2$)统一换算成流域面积为 $1000km^2$ 标准面积的流量值，点绘于图2.3。

从图上可以发现，我国标准面积最大流量的地区分布有以下三大特点：

第一，东西地域间差别悬殊。西部的新疆、青海和西藏等气候干旱地区流量最小，普遍都在 $500m^3/s$ 以下，部分地区最大流量不足 $100m^3/s$；而东部一些山区最大流量可达 $8000m^3/s$ 以上。东西之差可达100倍。

第二，我国台湾省、海南省标准面积最大流量都在 $8000m^3/s$ 以上，为全国各省区最大值。而大陆地区的最大流量并不在降雨量最多的南方，而出现在气候相对较干旱的华中、华北和东北部分地区。

第三，从云南腾冲经四川康定、甘肃兰州、贺兰山、阴山向东北至吉林哈达岭、张广才岭、小兴安岭西侧，为最大流量 $1000m^3/s$ 的等值线，此线以东以南为多暴雨洪水区，以西以北为少暴雨洪水区。

涝渍地区分布

长期以来，无论是中外研究文献或灾害地方志都是洪涝不分的。中国古代有关洪涝灾害的记载，统称为水灾；在世界其他国家，凡受水淹至灾，都称为洪水或洪灾。洪涝不分的主要原因在于洪涝难分，在古今中外实际发生的水灾中，先洪后涝、先涝后洪或洪涝并举的情况是非常普遍的，且难以分割。随着近代科学技术和经济发展，世界各国防灾减灾工作也逐步深入开展，形成了一套彼此不同的防洪和除涝的工程措施。防洪工程措施主要是修建水库、堤防和分蓄洪区，加上一些临时性防汛抢险措施；而除涝则主要是通过排水工程和动力设备尽快排除地面积水。另一方面，洪水与涝渍在水文特性和危害性方面也明显不同。洪水来势凶猛，俗话中总是将“洪水猛兽”联系在一起，它能在短时间内破坏各种基础设备和房屋建筑，淹死人畜，毁坏农田庄稼；而涝渍又称雨涝，一般来势较缓，强度较弱，主要是影响农作物生长，造成农业减产。随着城市经济发展，城市内涝积水也会影响工业生产和商业经济。因此，近代逐步形成洪涝之分：

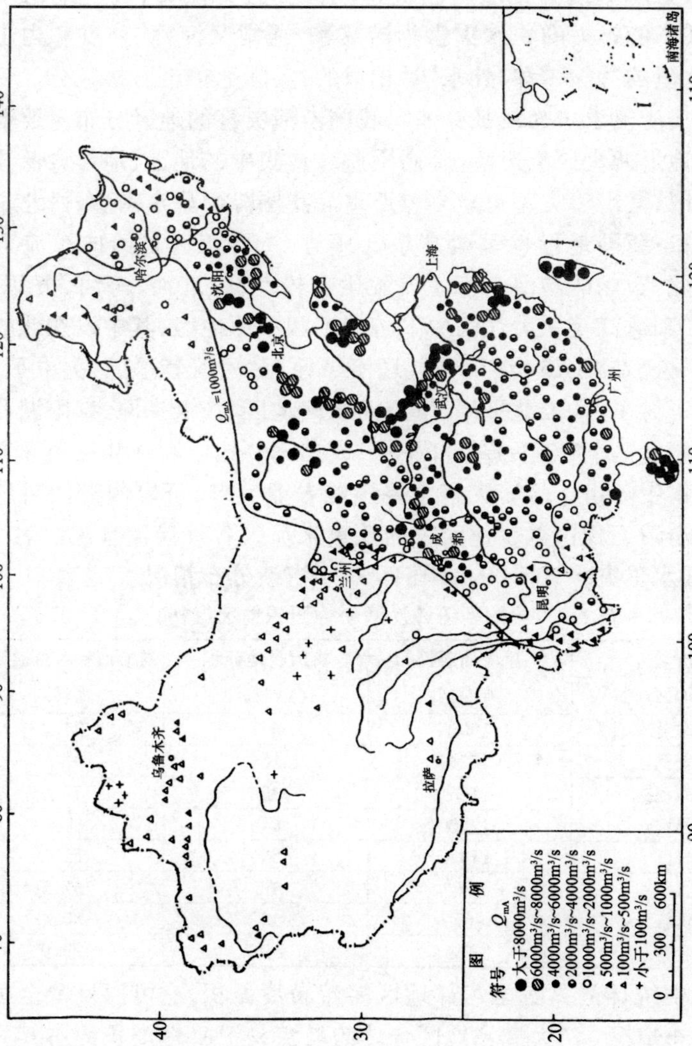

图 2.3　我国标准面积(1000km^2)最大流量地区分布图

“一般认为河流漫溢或堤防溃决造成的灾害为洪灾；而当地雨水过多，长久不能排去的积水灾害为涝灾”。通常又简称“外洪和内涝”，当然，这里的“内水”和“外水”是相对的，实际上很难严格区分。

我国涝渍农田的地区分布　我国涝渍灾害的地区分布主要受降雨量和地形两大因素影响，降雨量愈多愈集中的地区，地形愈低洼平坦的地区，其涝渍灾害也愈多愈严重。我国降雨呈东南多、西北少的趋势分布；我国地形也呈西高东低形势，主要江河自西向东流入大海。因此，我国的涝渍灾害主要发生在松花江、辽河、海河、黄河、淮河、长江和珠江等7大江河中下游的广阔平原地区，其中以东北的三江平原、松(花江)嫩(江)平原、辽河平原、黄河河套平原、关中平原、海河中下游平原、淮北平原、里下河水网地区、江汉平原、鄱阳湖和洞庭湖滨湖地区、长江下游沿江平原、太湖湖荡地区和珠江三角洲等地区最为集中。由于涝渍灾害主要影响农业生产，可以用涝渍耕地面积以及涝渍面积占总耕地面积的比重来反映各地涝渍情况。表2.4是《中国水旱灾害》统计的我国1990年涝渍分布情况。

表2.4　全国各流域涝渍耕地面积情况(1990年)

流域地区	总耕地面积(万 hm^2)	涝渍耕地面积(万 hm^2)	涝渍面积占总面积比重(%)
东北	1902	651	34.2
黄河	1224	106	8.7
海河	1136	336	29.6
淮河	1270	646	50.9
长江	2147	540	25.2
太湖	176	66	37.5
珠江	467	142	30.4
合计	8322	2487	29.9

表中统计的是我国东部地区易涝易渍面积，它可以反映全国的涝渍分布情况。7大流域地区合计的易涝易渍耕地面积约占其总耕地面积的29.9%，以淮河、太湖、珠江等流域和东北地区涝渍最重，其中淮河流域涝渍面积占总耕地面积的一半，是我国最严重的易涝

易渍地区。

易涝易渍农田的地区类型　由于涝渍灾害的形成与地形、地貌、土壤性质和排水条件等有密切关系，将耕地划分为平原坡地、平原洼地、水网圩区、山区谷地和沼泽坡地5种类型，分别其易涝易渍耕地分布情况见表2.5。

表2.5　各流域(区域)各种类型易涝易渍耕地面积统计表

流　域 (区域)	各种类型易涝易渍耕地面积(万 hm^2)				
	平原坡地	平原洼地	水网圩区	山区谷地	沼 泽 地
东　北	201.9	270.3	0.0	58.3	120.5
黄　河	55.8	47.6	0.0	0.6	1.7
海　河	243.3	90.8	0.0	1.5	0.0
淮　河	475.3	87.7	65.2	16.0	2.0
长　江	144.8	138.2	126.0	130.5	1.0
太　湖	25.5	0.0	40.1	0.0	0.0
珠　江	0.0	42.5	30.6	68.8	0.0
合　计	1147	677	262	276	125
占易涝易渍耕地总面积的百分比(%)	46.1	27.2	10.5	11.1	5.0

全国综合来看，易涝易渍的耕地面积以平原坡地最大，约占全国易涝易渍耕地的46.1%，其次是平原洼地，占据27.2%；沼泽地最少，但各流域(区域)不同类型的涝渍耕地比重分布不尽相同。

东北地区：涝渍耕地面积以平原洼地和平原坡地占一二位，沼泽地的涝渍面积虽然只占本地区的第三位，但它集中了全国的绝大多数。

黄河流域：各类型涝渍面积比东北地区明显减少，但仍以平原坡地和平原洼地最集中。

海河流域：涝渍耕地以平原坡地最突出，集中了本流域易涝易渍耕地的绝大多数，其次是平原洼地，而其他三类耕地或极少或无。

淮河流域：五种类型的涝渍耕地都有，以平原坡地最多，其次是平原洼地和水网圩区，以上三种类型涝渍面积占总涝渍面积的97.2%。

长江流域和太湖地区：太湖地区属长江流域的一部分，合并考虑，整个长江流域除沼泽地少量分布于长江上游外，其余四种类型的涝渍地比重相当。

珠江流域：洙江流域的涝渍耕地类型分布较全国明显不同，集中在平原洼地、水网圩区和山区谷地三种类型，以山区谷地最多，占48.3%，与平原洼地和水网圩区合计涝渍面积相差无几。

影响洪涝时空分布的主要因素

洪涝是一种自然现象，同时又与人类活动密切相关，是在一定的地理、资源、环境、人口及社会经济条件下发生、发展，即在一定的自然因素和社会因素影响下发生变化。

从总体上来说，我国绝大多数河流属雨洪性质河流，产生洪涝的主要自然因素是暴雨洪水，而暴雨洪水又是在一定的天气气候条件和水系条件下形成的；另一方面，天气气候和水系特征又是随着自然地理环境不同而改变，它们直接或间接地影响暴雨洪水的时空分布特性，影响洪涝灾害类型、强度和时空变化。此外，人类社会既是洪涝灾害的受害者，同时又能动地对洪涝灾害施加各种正面和负面影响。一方面，人类社会对洪涝灾害愈来愈积极地进行治理和采取各种应对措施，以达到避免和减轻灾害损失的目的；另一方面，人类活动又直接或间接地影响着天气气候、暴雨洪水和水系特征。这些因素与洪涝灾害之间的相互关系可以用框图形式直观地表示(图2.4)。

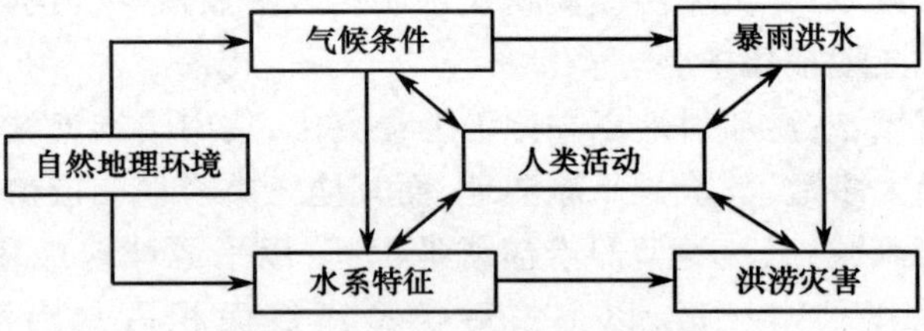

图2.4 影响洪涝灾害因素框图

影响洪涝的自然因素

图2.4展示的影响洪涝的各种因素中，自然地理环境、气候条件、水系特征和暴雨洪水都属于自然因素。显然，这些自然因素与洪涝灾害之间的关系彼此不同。从成因关系来看，有直接和间接之分，暴雨和洪水是形成洪涝灾害的直接因素，天气气候和水系特征是间接因素，而自然地理环境则是背景因素；从影响因素的作用来说，有主次和大小之分，直接影响因素的作用是主要的，其他间接因素和背景因素的影响则是次要的。

①影响洪涝的背景因素——地理环境

地理环境包括地形、地貌、地理纬度和海陆分布等，它们是决定各地不同气候特征的基本因素。我国的自然地理环境特点主要是地理纬度跨距大、海陆分布对比强以及大尺度地形差异突出等。

我国大陆部分的地理纬度南到18°N，北至53°N，南北纵跨30多个纬度。海洋部分延伸至4°N附近的曾母暗沙，全境共跨越约50个纬度。由此形成的大气候带自北向南跨越寒温带、中温带、暖温带、亚热带、热带和赤道带共6个气候带，主要气候要素的南北分布差异极大，气温呈南高北低，降雨量为南多北少。

在海陆分布方面，我国位于世界最大的大陆——欧亚大陆的东南部，东部濒临世界最大的海洋——太平洋，盛行海陆气团交替影响的季风气候。西部深入欧亚大陆腹地，属于干燥的大陆性气候。

我国地势西高东低，按海拔高度自西向东概括为三级阶梯：最高一级阶梯为海拔4000m以上的青藏高原，包括昆仑山、阿尔金山、祁连山、唐古拉山、冈底斯山和喜马拉雅山等著名高大山脉，其中喜马拉雅山脉平均海拔高度在7000m左右，珠穆朗玛峰海拔8848m，为世界第一高峰。这一阶梯地带深处内陆，海拔高峻，气候极为严寒干燥，降水量稀少，以降雪为主，且多数高山地区积雪终年不化。因此，在第一阶梯地区不存在洪涝问题。第二阶梯地带由内蒙古高原、黄土高原、云贵高原和阿尔泰山、天山、秦岭等山脉组成，海拔高度一般在1000～2000m,其中高山地区可达3000m左右,还包括海拔高度低于1000m的塔里木盆地、准噶尔盆地和四川盆地在内。这一阶梯地带南北气候差别很大,洪涝种类多种多样,以山洪、泥石流为主,海拔较低、地形较平坦的地区如四川盆地也存在严重的河流洪灾。第三阶梯地带位于大兴安岭、太行山、巫山及云贵高原一线以东,直至海滨地区,地形以丘陵和平原为主,丘陵地区海拔在1000m左右,平原地区多在100m以下。这一阶梯地带夏季受海洋季风影响,气候炎热多雨,是我国洪涝和干旱多发地带。

②影响洪涝的间接因素——天气气候和水系特征

由于形成洪涝的直接因素——暴雨和洪水是在一定的天气气候条件下产生大范围和高强度的降雨,再由地球下垫面组成的大小水系汇集形成洪水,因此,天气气候和水系特征是造成洪涝的间接因素。

简单地说,我国的天气气候有三大特点:一是季风气候特征非常明显。即冬夏盛行风向有明显变化,随着季风的进退,降水、气温等气候要素发生明显的季节变化,引起洪涝和干旱等气候灾害也发生季节变化;二是大陆性气候强。表现为冬夏两季的多年平均气温与世界同纬度其他国家和地区有较大差别,即冬季低于同纬度其他地区,而夏季高于其他地区;三是气候类型多种多样。全国各地的气候差异很大,从北到南不仅跨越寒带、温带、热带和赤道带,还由于受高原、山地、丘陵、盆地、平原和沙漠等地形、地貌的不同影响,形成大小范围不等的气候小区,造成洪涝灾害的复杂时空分布。

③影响洪涝的直接因素——暴雨和洪水

暴雨本身就是一种灾害性天气,常可造成大范围涝渍灾害、山体滑坡、泥石流和城市内涝等,由暴雨形成的河流洪水又可造成更大的洪灾。我国的暴雨洪水地区分布状况、季节特性等,上文已作简明介绍。

有必要补充说明,我国水利部门在进行大江大河的综合治理工作中,经常同气象部门密切配合,进行一些重点水利工程控制区域的可能性最大暴雨和洪水的分析计算,以确保水利工程的安全。这方面的工作，也离不开对我国各地暴雨特性和时空演变规律的分析研究，它属于专题性科学研究范畴。有兴趣的读者，可参阅有关专著。

影响洪涝的社会经济(人类活动)因素

洪涝灾害的产生和造成灾害的大小，自然因素是主要的和第一位的，没有暴雨和洪水，就不会有洪涝灾害的发生；另一方面，人类社会政治经济因素也在一定程度上影响着灾害的大小和严重性。从根本上说，没有人类社会，就不成其为灾害，只不过是一些洪涝自然现象而已。只有在洪涝现象影响到人类社会，才形成洪涝灾害。从历史上看，中国社会长期受封建统治束缚，生产力低下，科学技术发展迟缓，加上社会长期动荡，是我国历史上洪涝灾害频繁且严重的重要原因。从发展的角度来看，随着社会经济的发展，洪涝灾害的频率也加大，绝对经济损失上升，相对经济损失下降。这其中的道理是不难理解的。

①社会经济对洪涝的正面影响

人类社会是各种自然灾害的受害体，洪涝灾害也不例外。自从有了人类社会，就有洪涝灾害的存在。从人类社会的主观愿望来说，总是希望最好是没有灾害，或灾害越轻越好。在生产力非常低下的原始社会，人类社会对洪涝灾害处于完全无能为力的境地，洪水来了只能一跑了之；又由于那时还没有农业生产，也就不存在涝渍灾害。中华祖先从远古时代流传至今的“女娲补天”神话，传说中华始祖女娲氏修补了天漏，从此银河之水不再倾注大地。实际上这正是反映了我们的祖先在远古时代就受到暴雨洪水灾害的困扰而产生的美好愿望，希望有一种神力来拯救生灵。到奴隶社会夏禹时期，产生了“大禹治水”的故事。此故事的真实性在这里没有必要去讨论，那是历史学家的事情。但人类社会只要具有一定的生产力，必然会做一些修筑堤防和疏通河道的工作，以减轻洪水的威胁。至春秋战国时代，修筑堤防已成为主要的防洪措施。总之，中华民族五千年的文明史中，贯穿着丰富的与水灾作斗争和卓有成效的治理江河的水利史，不仅为形成黄河、长江众多的全国重要农业经济区发挥了重要作用，而且为今人留下了许多经久不衰的水利瑰宝，诸如四川的都江堰、沟通湘桂的灵渠、纵贯南北的京杭大运河、横亘东西的长江黄河大堤、抵御潮灾的浙江海塘和大江大河中下游星罗棋布的圩垸等。创造的治水经验和科学方法，从传说中的大禹治水"疏川导滞"，到明代地方志总论——《湖广水利》总结的治水五法：凿坚、分盛、浚浅、决大、排急，对当今治水仍然有用。

新中国成立后的50余年来，我国的水利事业进入了一个全面快速发展的新阶段，七大江河都建立了专门的水利机构，对各大江河开展了一系列的综合治理，主要的治理措施可概括为工程措施和非工程措施两大类，各类措施又包括许多因地制宜的具体办法。以长江为例，在1952年就兴建了荆江分洪工程，为随后不久战胜1954年特大洪水发挥了极为重要的作用。设想如果未建荆江分洪工程，要确保武汉市的安全几乎是不可能的。到目前为止，长江上中游已建和在建的大中型水利工程举不胜举。特别要指出的是，从1994年开始兴建的长江三峡工程，被誉为治理开发长江的关键性工程，工程到2007年全面建成后，长江中下游干流防洪重点地区——荆江河段由目前靠堤防工程仅能防御约十年一遇的洪水，提高到可防百年一遇大洪水，配合荆江分洪工程的运用，则可防千年一遇特大洪水，整个长江下游的防洪形势将发生明显改观。在非工程措施方面，如洪水预报、水利立法、灾害赈济和汛期防汛抢险临时措施等，都有重大发展和保障。近年来，还纠正了以往为发展经济带来的许多人争水地造成的负面影响，采取了如"退耕还湖"、"平垸行洪"、"退耕还林"、"封山育林"、"退牧还草"等措施。

②社会经济对洪涝的负面影响

社会经济对洪涝灾害产生的负面影响也是重大的和多方面的。以黄河为例简略综述如下。

在历史上，黄河流域长期是我国的政治、经济、文化的中心，被誉为中华民族的摇篮。由于黄土高原大量泥沙顺流而下，黄河中下游形成一条地上河，有难于治理和多洪涝灾害的自然因素一面；而历史上社会的长期动乱,也严重影响到黄河的安危。五代(公元 907 年至 960 年)时期,黄河流域战争频繁,社会极为动荡,社会经济文化受到重大损失和破坏,单就黄河决口而言,53 年中决口竟达 37 次,名为天灾,实乃人祸。历史上无数的战争,直接的后果是造成社会经济的衰败,河道的治理无人过问。而在战争过程中以水代兵的作法也造成人为的洪水灾害。例如南宋建炎二年(公元 1128 年),东京(洛阳)留守杜充决黄河以阻挡金兵,造成黄河改道南流,形成黄河夺淮的局面,遗患无穷;再如民国 27 年(公元 1938 年),为阻止日本侵略军西进,国民党军队在河南省郑州市黄河南岸花园口掘开黄河大堤,造成河南、安徽、江苏三省严重洪灾,灾民达 1250 余万,死亡人口达 89 万人,造成悲惨的大灾难。

从全国来说,我国历史上的战乱非常频繁,从秦代至清末的 2000 余年间,政治清明、社会安定的时期所占比重很少。据《中国水旱灾害》援引史学家的统计,"堪称盛世的仅 150 年,小康之局治世者 286 年,小休之世 234 年,衰微之世 466 年,乱世则多至 1035 年"。

另外,社会经济在发展的过程中由于局部利益与整体利益的矛盾,眼前利益与长远利益的矛盾,也会造成一些负面影响。最突出的是随着人口的增加,为了解决衣食问题而产生的与水争地现象日趋严重,如大量开垦荒山、荒地,围湖造田,围堤建垸等,造成水土流失加剧、江河湖库淤积严重、天然湖泊面积缩小以及城市集镇快速发展带来的许多不利影响。

③社会经济因素对洪涝的影响趋势

从新中国成立以来 50 余年社会经济的快速发展、全面开展治理江河湖库和防灾减灾工作的成就等综合分析,可以肯定的是对洪涝灾害的正面影响力度呈逐步增强之势;而社会经济发展对洪涝灾害的负面影响也会逐步得到控制,但完全消除负面影响也是不可能的;人类活动特别是工业化的发展造成二氧化碳排放量的增加,促使全球气候变暖,最终将影响到洪涝的变化;最重要的一点是随着人口的增加和社会经济的快速发展,洪涝灾害所造成的损失不断增大。在相同洪涝程度的条件下,现在比过去的灾害损失大,而将来又会比现在的损失大。同其他的自然灾害一样,洪涝灾害只能防御和减轻灾害损失,不可能完全消除。即如前面所说,随着社会经济发展和人口增加,洪涝灾害的相对损失将逐步减小而绝对损失会呈上升之势。当然,随着气候变化的波动,洪涝灾害也会有增加和减少的阶段变化,这是水文气象学家专门研究的科学问题。

中国洪涝主要特点

自古至今,洪涝都是我国最严重的自然灾害之一。形成洪涝灾害的原因和灾害种类多种多样,洪涝的地区范围也十分广泛,约50%以上的国土面积都受洪涝的严重影响。每年全国都有不同地区和不同程度的洪涝发生,一次严重洪涝的受灾地区范围很大,影响十分深远。洪涝的时空分布极不均匀,在时间上存在长短不同的阶段集中性和年际间的连续性,在地区上的差异也相当明显。其中,洪水灾害的突发性极强,它同其他自然灾害相互影响,相互转移,产生灾害的连锁反应。

洪涝成因和种类的多样性

洪涝成因的多样性　我国洪涝成因复杂又多种多样。从大的分类来说,可以概括为自然因素和社会经济(人类活动)因素两大类。自然因素包括背景因素——自然地理环境,间接因素——天气气候和水系特征)、直接因素(暴雨和洪水);而社会经济(人类活动)因素对洪涝的影响,既有防御和减轻洪涝的正面作用,也有加重和制造洪涝的负面作用,还有随着人口增加和社会经济发展,洪涝灾害损失呈逐步增大的发展趋势。从表 2.6 概括的我国洪涝成因来看,形成洪涝的主要直接原因除暴雨和洪水以外，还有冰凌阻塞河道、垮坝、泥石流、地震引发山体崩塌堵塞河流等造成的次生洪灾，以及台风、温带气旋、寒潮大风和天文大潮共同影响造成的风暴潮灾害，而海洋地震还会引发更强烈的风暴潮——海啸。

表 2.6 我国洪涝成因、种类及特征

洪涝类型	灾种	主要成因	表现形式	主要危害	影响地区
洪水	河流洪灾	大面积、长时间的暴雨洪水	破堤溃垸、淹没大片地区和农田	工农业生产、交通运输、房屋建筑和城镇居民生命财产	大江、大河中下游平原、盆地及支流尾闾地区
	冰凌洪灾	大量冰凌阻塞河道致使河流水位暴涨	同上	同上	北方河流中下游地区
	山洪灾害	山区暴雨洪水	山区河流、小溪洪水暴涨，突发性强，历时较短	山区村镇居民生命财产和农田	全国丘陵、山地，以东南部地区为主
	垮坝洪灾	堤坝隐患或超设计暴雨洪水	洪水漫坝、溃坝，冲毁淹没坝下沿江地区	同河流洪灾	水库和水坝下游地区
	泥石流、地震和山体崩塌次生洪灾	泥石流、山体崩塌堵塞河道	突发性洪水	同上	丘陵、山地及多地震、泥石流区
涝渍	涝灾	降雨时间长，雨水过多造成农田和城市积水不能及时排出	农田耕地和城镇长时间积水	农业减产或绝收，城市工商业受损	同河流洪灾
	渍害	农田地下水位过高，土壤过湿	农田耕地土壤长期过湿	农业产量很低或减产	山区、丘陵、谷地和沼泽地

续表

洪涝类型	灾种	主要成因	表现形式	主要危害	影响地区
风暴潮	海潮涨溢	台风、温带气旋、寒潮大风和天文大潮	狂风巨浪，海面暴涨	房屋建筑、船舶、工农业生产、沿海居民生命财产和耕地盐碱化	沿海地区，主要集中在珠江三角洲、钱塘江口和长江三角洲等地
	海啸	海洋地震	同上	同上	同上
	海水倒灌	内陆江河水位低落引起海水倒灌	海水倒灌内陆江河和低洼地区	农业生产、人民生活用水	同上

洪涝种类的多样性　我国地域辽阔，自然地理环境复杂，天气气候条件千差万别，大小水系众多，暴雨洪水特性各异，加上洪涝成因也不尽相同，致使洪涝种类也非常多样。

我国的洪涝灾害，按性质来分，可以概括为洪水灾害、涝渍灾害和风暴潮灾害三大类型。每一大类洪涝灾害又包括若干较小的灾种，例如：洪水灾害类包括河流洪灾、冰凌洪灾、山洪灾害、垮坝洪灾以及泥石流、地震、山体崩塌阻塞河道而引发的次生洪水灾害；涝渍灾害类包括涝灾和渍害；风暴潮灾害类包括海潮涨溢、海啸和海水倒灌。各个较小的洪涝灾害种类的主要成因、表现形式、主要危害和影响地区等，可详阅上表。

洪涝灾害链

前面已经指出，洪涝是自然灾害的一个重要组成部分，同其他自然灾害一样具有自然属性和社会属性。首先是它的自然属性，作为自然现象，它遵循自然变化规律，不以人的意志为转移，即它是客观存在的自然变化;其次是它的社会属性,作为自然灾害,它依人类社会的存在而变化。我国的洪涝种类很多,无论是作为自然现象还是自然灾害,洪涝的各种现象和灾种与其他自然灾害之间,依照各自的自然属性和社会属性相互影响,相互转换。例如:暴雨既是一种强烈降水的自然现象,也是一种灾害性天气,由暴雨在不同的自然地理环境下又演化为洪水、涝渍、泥石流、滑坡和崩塌等自然现象和灾害,这些灾害还可以进一步演化为水土流失、血吸虫、瘟疫和次生洪涝灾害;台风是我国东部沿海地区重要灾害天气,由台风产生的特大暴雨又可以重复以上的灾害演化过程;台风与天文大潮相结合,可以转变为风暴潮灾害,进一步又可引发沿海低洼地区土地盐碱化灾害和涝渍灾害;再如地震,可以产生山体崩塌灾害,它堵塞山区河流又可次生洪水灾害。以上各种灾害的演化过程,基本上是以洪涝灾害为主体,我们不妨称其为“洪涝灾害链”。灾害链中的各种灾害都是通过影响人类社会的生存环境而演化为其他自然灾害。因此,有效地治理和防御洪涝灾害,全面改善人类的生存环境,不仅可以获得巨大的经济效益和社会效益,其实际意义是非常深远的,全社会必须对此有深刻的认识。

洪涝时空分布的普遍性和不均匀性

洪涝是我国普遍存在的一种重大灾害

我国大部分地区盛行季风气候,降水的季节性强,时空分布不均匀且高度集中,因而全国大部地区普遍存在洪涝问题。我国大陆东南部约占国土总面积50%的地区为暴雨、洪水多发区,洪涝灾害频繁;而西北部地区为少暴雨洪水区,但融冰、融雪洪水比重有所增加,也会造成一定程度的洪涝灾害。

我国的洪涝灾害,集中在东部的七大江河,自北至南依次为松花江、辽河、海河、黄河、淮河、长江和珠江。七大江河历史时期洪涝频次粗略统计见表2.7。

表 2.7 七大江河历史洪涝频次统计表

水系	起止年份（公元）	年数	洪涝		大洪涝	
			频次	频率(%)	频次	频率(%)
松花江	1746～1949	204	99	48.5	13	6.4
辽河	1840～1949	110	50	45.5	7	6.4
海河	1368～1949	582	283	48.6	24	4.1
黄河	601～1949	1349	701	52.0	110	8.2
淮河	1470～1949	480	248	51.7	45	9.4
长江	901～1949	1049	324	30.9	129	12.3
珠江	1279～1949	671	87	12.8	40	5.9

从表 2.7 所列各大江河数据看，历史资料最长的首选黄河和长江，都达千年以上，如果以可见到的最早水灾记载来说，黄河流域可追溯至东周定王五年（公元前 602 年），长江流域则可至汉高后三年（公元前 185 年），到现在都有二千余年的历史。而其余五大水系水灾记录都只有数百年。以洪涝频率来看，当以黄河与淮河两大河流最高，都在 50%以上；以大洪涝来看，则长江、淮河和黄河居前三位，在 10%左右。总而言之，从七大江河历史洪涝频次资料可以充分表明，洪涝是我国普遍存在的一种重大自然灾害。

洪涝在时序分布上的阶段性和集中性

洪涝既是我国普遍存在的一种重大自然灾害，同时它又在时间和地域分布上极不均匀。我国洪涝在时间变化上的特点主要表现在阶段性和集中性两个方面。

阶段性　洪涝的阶段性或波动性，是指在全国范围内或某一两条大江大河会在一个相当长的时期内，洪涝灾害频繁出现，灾情严重；而在另一段时期洪涝又较少，灾害也较轻，或出现相反的干旱频繁。在时间分布上，上述两种不同特点的阶段交替出现。粗略地来说，从汉代至民国的十个历史阶段中，以南北朝、元代和民国三个历史阶段水灾频率最高，而在汉代、五代十国和明代三个阶段水灾频率又相对较低。我国近代普遍都有较详细具体的洪涝灾害资料，根据

《中国水旱灾害》对全国近代洪灾阶段特征统计，重灾期和轻灾期呈连续交替分布的特点非常明显(详见表2.8)。

表2.8　全国近代洪灾阶段特征统计

起止时间(年)	阶段属性	年数	平均受灾县　数	准周期长度(年)
1848～1853	重灾期	6	167	18
1854～1865	轻灾期	12	82	
1866～1873	重灾期	8	147	16
1874～1881	轻灾期	8	83	
1882～1898	重灾期	17	193	24
1899～1905	轻灾期	7	101	
1906～1917	重灾期	12	186	25
1918～1930	轻灾期	13	105	
1931～1939	重灾期	9	263	15
1940～1945	轻灾期	6	100	

从1848年至1945年近百年间，全国洪涝变化经历了5个重灾期和5个轻灾期，5个重灾期平均持续约10.4年，5个轻灾期平均为9.2年，两者相当接近。从重灾期至下一个轻灾期的准周期长度，最长为25年，最短为15年，平均19.6年。

1949年以后，全国洪涝灾害变化仍然表现出这种阶段性特点。1954～1964年，是全国洪涝比较频繁严重时期，其间长江、淮河、黄河、海河、松花江和辽河等流域都发生了新中国成立以来最大洪水，造成严重洪涝灾害，全国每年平均受灾农田面积达1000余万 hm^2；在接下来的1965～1997年，七大江河水势比较平稳，除个别年份如1975年外，没有发生大面积洪涝灾害，是洪涝灾害比较轻的一个阶段，全国每年平均受灾农田面积只有480余万 hm^2，不足上一阶段的半数；1980年以后，洪涝灾害又趋频繁严重，1980～1990年，全国每年平均受灾农田面积又上升至于1055万 hm^2，且此后的近10年间，长江、淮河还出现了1991、1995、1996、1998和1999年大洪水，造成的灾害仍然是比较重的。

集中性　我国洪涝灾害的集中性体现在两个方面：一是大江大

河少数特大洪涝灾害年所造成的灾害损失,在洪涝灾害总损失中所占的比重很大,即洪涝灾害集中在少数特大洪涝年。以当代我国洪涝灾害损失统计资料看,如在1950～1990年间,全国洪水灾害累计死亡人数225 517人,其中1954、1956年、1963、1975年4年死亡人数即达93 217人,占41年水灾总死亡人数的41.3%;其他损失,如因水灾倒塌房屋的情况也是如此,上述4年倒塌房屋数量占全国41年倒塌房屋总数的45.6%。因此,像我国这样一个幅员辽阔的国家,洪涝灾害虽然年年都有,但主要灾害集中在少数几个特大洪涝年。分析其原因大致也有两个:一个原因是洪涝灾害轻重量级相差很大,少数特大洪涝年无论在暴雨洪水大小、影响地区范围大小或灾害持续时间以及受灾人口等各个方面都要比一般洪涝年大很多;另一个原因是社会经济条件对一般洪涝的防范作用比较有效。

洪涝灾害集中性的第二个体现是特大洪涝年往往会连续出现或间歇很短。从全国范围来说,从1840年以来的百余年间,特大洪涝连续出现或间隔很短的实例相当多,例如:1841年和1843年黄河流域特大洪水,1848年和1849年长江上中游特大洪水,1947～1954年先后有珠江、长江、淮河、辽河出现特大洪水。而20世纪90年代,长江流域则连续发生1995年、1996年中下游大洪水,1998年流域性大洪水和1999年中下游大洪水。在长江中下游地区,对连续两年出现洪水或特大洪水的现象,形象地称为“姊妹水”,已是司空见惯的现象。

洪涝与干旱在时间上的交替和地域上的不均匀性分布

俗话说,久旱必有久雨,久雨必有久晴。这也是对洪涝与干旱的不均匀分布和相互转换关系的经验总结。洪涝与干旱是降水不均匀分布产生的两个对立面,说到底是属于气候变化问题。我国气候学家应用考古发掘资料和史书记载资料分别对我国近5000年干湿气候变化和近500年旱涝变化进行过全面研究,研究结果表明,我国气候既存在大的湿润气候期和干旱气候期交替变化,还存在小的洪涝期和干旱期振动,大湿润气候期和大干旱期的历时长度不等,从几十年至数百年；小洪涝和小干旱期长度从十余年至数百年都有。其中，大干湿气候期影响范围为全国性，而小旱涝期振动存在地区性差别，七大江河的小旱涝期交替的起讫时间和历时长度都不尽相同。

以上所说的洪涝与干旱在时间上的交替变化是以年为单位的长时间尺度，而在一年以内的各月、各旬来说，仍然存在旱涝交替现象，我国广大地区在每一年中，发生前涝后旱、前旱后涝或两头旱中间涝是普遍的事情。由于我国大部分地区为季风气候区，每年冬、夏季风早晚、强弱和进退变化都不相同，其结果是引起洪涝与干旱在时间上的交替和地域上的不均匀分布。在一般情况下，随着夏季风自南至北的推进，珠江流域有前(4～6月)、后(7～9月)汛期之分，容易出现前涝后旱或两头涝中间旱；长江中下游和淮河流域容易形成初夏梅雨期洪涝和盛夏伏旱或秋连旱；华北和东北地区多见春旱、夏涝和秋旱。这些变化既形成各地区的洪涝交替，又造成全国洪涝与干旱的不均匀分布。

另一方面，由于全国各地的地理环境复杂，局部地区受大气环流和天气系统影响也存在差别，还会造成更复杂的洪涝分布，即旱中有涝或涝中有旱。例如1954年是新中国成立至今有名的特大洪涝年，江淮流域出现特大洪涝灾害，长江流域形成流域性洪灾，但在长江上游的嘉陵江中上游局部地区却产生相反的干旱。全国每年像这样的旱涝插花性分布实例是很多的。

洪水的突发性和涝渍的迟缓性

洪水的突发性　从洪水形成过程和灾害表现特点来看，洪灾是一种突发性极强的自然灾害，在众多的自然灾害中，洪灾的突发性仅次于地震灾害。

洪水和洪灾的突发性，主要表现在局地性洪水，如泥石流洪水、山区洪水(山洪)以及小流域洪水、滨海地区风暴潮洪水等，其洪水的形成过程都比较短，造成灾害非常突然。泥石流洪水发生过程一般仅数十分钟，最长的也不过一、二小时。例如1979年11月2日，四川省雅安市郊王陆沟、干溪沟同时暴发泥石流，仅30分钟就冲毁房屋360间和耕地840亩，冲断川藏公路，堵塞青衣江，死亡164人。又如1982年8月6日发生在嘉陵江上游地区甘肃省文县城北关家沟泥石流，受短历时大暴雨诱发，泥石流洪水流速5～6m/s，峰量达482m^3/s，发出隆隆之声似雷，有地动山摇之感，水头高约8～10m，冲出沟口，越过文县县城，最后抵达白水江，堵塞江水6分钟，其前后历时仅30分钟，形成面积约1700m^2的泥石流冲积扇，造成文县城内泥水深2～4m，死亡22人，19人受伤，冲毁农田约200亩，房屋672间和公路20km，造成的直接经济损失约300万元。发生在山区溪沟、小河的山洪灾害，流域面积一般在100km^2以下，由于坡陡，河流比降大，山洪流速也很大，一般在2.5～3.5m/s，最大流速可达6～8m/s，洪水暴涨暴落，历时短则1小时以内，长的可达10余小时，具有很大的破坏性，防范也比较困难。沿海地区的风暴潮灾害的时间过程1～100小时不等，时间快慢与台风移动速度和方向有关。涉及一条或数条较大支流的区域性洪水和洪灾，如1981年7月四川沱江、嘉陵江大洪水、1935年7月长江中游大洪水和1991年7月长江中下游大洪水等，其洪水过程多为3～7天；更大范围的流域性洪水，如1931年、1954年江淮流域特大洪水和1998年长江流域大洪水，其洪水过程都在1～5个月。但是，由区域性洪水和流域性洪水造成的垮坝、溃堤或破垸，大多也只须数小时，溃口洪水就可吞没大片平原、农田和城镇，造成严重损失，突发性仍然是很强的。

涝渍的迟缓性　前面已经简要说明过，洪涝包括洪水和涝渍两个概念和灾种，但洪水与涝渍又密不可分，我国历史上洪涝是不分的，统称水灾，世界其他国家也大致相同。但在时间分配上，有先涝后洪和先洪后涝的差别。更主要的特点是涝渍灾害持续的时间一般比较长，造成的灾害比较缓慢，分布的面积比较广，季节性也比较强。下面仅以长江中下游近30年涝渍情况为例作简要介绍(表2.9)。

表 2.9　1952～1980 年长江中下游涝渍灾害一览表

项目 / 年份	雨涝时间	受涝地区	等级	项目 / 年份	雨涝时间	受涝地区	等级
1952	8月下旬至9月上旬 4月下旬至9月中旬	江汉流域 浙江地区	涝	1969	6月中旬至7月中旬 8月下旬至下旬	长江中下游 湖南西部	大涝 涝
1954	4月上旬至7月中旬	长江中下游	大涝	1970	5月上旬至下旬 6月下旬至7月中旬 7月上旬下旬	湖南、江西、 湖北、苏南、皖南、 赣北、湖南北部	涝
1956	5月下旬至5月中旬 9月上旬至10月上旬	江南地区 长江下游	涝				
1958	4月下旬至5月中旬 8月下旬至9月中旬	江南地区 三角洲地区	涝	1971	5月下旬 6月上旬至下旬	湖南中部 赣东北、皖南	涝
1960	7月下旬至9月上旬 7月下旬至8月上旬	江苏地区 浙江地区	涝	1972	8月中旬	浙江地区	涝
1961	5月下旬至6月中旬 10月上旬	江西地区 江苏地区	涝	1973	4月上旬至5月上旬 5月上旬至中旬	江西南部 赣北、皖南	涝
1962	5月下旬至6月中旬 9月上旬	湖南、江西 江苏、浙江	在涝 涝	1974	7月上旬至中旬	江西北部	涝
1963	8月上旬至8月下旬 9月中旬	江汉平原 浙江、上海	涝	1975	4月上旬至6月下旬 8月上旬至中旬	湖南地区 湖北、江西、浙江	涝
1964	4月上旬至下旬 6月中旬至下旬	湖南地区 湖南、江西	涝	1976	7月上旬至中旬 6月下旬	湖南、江西 江苏地区	涝
1965	8月中旬至下旬 7月下旬	江苏、浙江 江西南部	涝	1977	4月下旬至5月上旬 6月中旬 8月中旬	长江中下游干流 湖北、湖南、 上海、江苏、浙江	涝
1966	6月下旬至7月中上旬 9月上旬	江南地区 江苏、浙江	涝	1978	5月中旬	湖南南部	涝
1967	5月上旬至6月下旬	江南地区	涝	1979	6月上旬 6月下旬	湖北、湖南 湖南地区	涝
1968	6月中旬至7月上旬	江南地区	大涝	1980	4月下旬至5月上旬 7月中旬至8月下旬	江西地区 长江中下游	涝 大涝

表 2.9 引用《长江中下游气候》一书统计的 1952～1980 年长江中下游历年雨涝等级和持续时间资料，除个别年份因缺资料外，历年都有涝渍出现。涝渍持续时间，最短为一个旬，最长可达 4 个月以上（1952 年和 1954 年），一般多为 20 天至 1 个月之间。

涝渍灾害的季节性很强。从成因角度分析，涝渍与降雨量、持续时间、湿度、蒸发、土壤排水能力和农作物需水量等因素都有密切关系,因而我国各地的易涝季节彼此不同。就长江中下游地区而言,易涝季节有两个:一是春季低温阴雨期,二是初夏梅雨期。少数年份秋季也会出现多雨致涝。

第三章

待解的洪涝谜团

洪涝究竟如何造成？是天灾还是人祸？如此日益加剧的旱涝灾害和频发的异常气候事件，引起了世界各国政府的重视，也引发了对气候异常成因的争论，有的说和气候自身变化有关，有的说是人为造成的，但多数科学家认为主要是与气候因素、下垫面因素和人为因素有关，也有人把气候异常成因分为自然因素和人为因素两种。众说纷纭，扑朔迷离，有许多待解决的谜团。

气候因素

影响洪涝的气候因素很多，其中有内部因素，也有外部因素。内部因素如洪涝自身有它自己的演变规律，具有年际和年代季的变化特点。外部影响因素很多，有人把它分为十大因素：海温、地温、雪盖、高原、副热带高压、季风、准两年振荡、太阳活动、天文因素、阻高。另外，还有东亚槽、极涡、印缅槽、印度低压、三大涛动等等,都对不同地区的洪涝有一定的影响。还有人把影响气候的因素归纳为五个圈:大气圈、水圈、冰雪圈、岩石圈、生物圈。总之影响气候的因素很多,它们从不同角度影响着洪涝的形成。

中国气象局组织收集、整理的500年旱涝资料,详细给出了各年涝灾发生的地区,对我国涝灾的发生规律进行了多方面分析。全国连涝两年的几率为百年一遇,连涝3年的几率为250年一遇,没有连涝4年或以上的。说明连涝的几率很小,是以世纪为尺度的规律变化。我国南方降水异常有明显的年代际变化,20世纪50年代初、60年代末到70年代初、90年代以多雨为主,50年代后期、80年代末为少雨期。我国各地洪涝还有不同的年际变化,如我国江南及东部沿海地区洪涝2～5年一遇,中西部地区一般6年以上出现一次,这说明洪涝不但有年际、年代际变化,而且有世纪尺度的异常洪涝变化特点。

厄尔尼诺现象是气候异常、洪涝发生的非常强的前兆信号,由于赤道太平洋海温的异常增暖,西太平洋海温的降低,通过海气作用,引起大气环流的异常,导致东亚夏季风减弱,西太平洋副热带高压位置南移,使中国夏季主要季风雨带偏南,黄淮以南多雨的可能性较大,江淮以南易出现洪涝灾害。拉尼娜年正好相反,赤道东太平洋海温降低,西太平洋海温升高,夏季风增强,西太平洋副热带高压位置偏北,华北、河套地区多雨,易出现洪涝灾害。

由于海洋表面温度的异常变化,通过海气相互作用引发大洋上空环流的异常变化,形成多个大气环流的活动中心,如南太平洋、南印度洋的南方涛动,中北太平洋的北太平洋涛动,位于大西洋的北大西洋涛动,这些大气活动中心对周围的环流系统直接发生影响,对世界各地的气候异常、洪涝灾害起着不可低估的重要影响。海温的变化比较缓慢,对大气持续影响的时间很长,因此海温变化蕴藏着对洪涝、异常气候很重要的长时效的信息。例如经过对长江中游洪涝的研究发现,海温在洪涝发生的前4年、11年、15年、16年、22年有明显的相关时段,这些洪涝的早期强信号,说明海温对洪涝的影响是明显的,而且还是长期的。另外海洋又是形成洪涝的水汽主要源地,因此海温的变化对洪涝的形成非常重要。

季风是“季风环流”的简称,是指由于海陆差异形成的冬、夏风之间的季节性变化,或近乎相反的环流系统。季风环流是全球大尺度环流系统的一个重要组成部分,全球有60%以上的人生活在季风区。季风为世界各地的气候带来不同的影响,旱涝灾害也常和季风相联系。中国处于亚洲季风区,我国的雨带分布、旱涝灾害在很大程度上受夏季风控制,1991年江淮特大洪涝、1994年华南百年不遇的特大暴雨和洪涝、1998年震惊世界的长江流域特大洪涝,都和季风活动密切相关。当亚洲季风强的年份,汛期雨带容易偏北,华北地区易出洪涝;当季风弱的年份雨带易偏南,长江及其以南地区易出洪涝。当季风通道位置偏东,多雨区易偏东,当季风通道偏西,多雨区相应偏西。东亚夏季风带来东南海洋的大量水汽,南亚夏季风从南太平洋、南印度洋越过赤道经孟加拉湾、南海,自南向北影响我国,在长途跋涉中,从大洋带来充足的水汽,为沿途地区的降水带来丰富的水源。由此可见季风是洪涝形成的主要因素之一。

太阳活动对地球磁场和大气有显著的作用,已为观测和理论证实,太阳是地球大气能量的来源,它明显影响着大气环流的变化。例如对副热带高压的影响,太阳活动有明显的11年活动周期,副热带高压各指数也存在同样的同期变化,当太阳活动强时,副热带高压同期或滞后变强,西伸,脊线易偏北。由于大气环流变化,气候也有相应变化,如梅雨长度、总量的变化,也存在11.4年的周期,当太阳活动由强变弱或极弱时,梅雨易偏多,洪涝灾害90%处在这个阶段。表明洪涝灾害的形成和太阳活动有密切关系。

地气作用的影响也不可忽视。地表面的状况和变化同海表温度变化一样,通过对大气的非绝热加热过程影响大气环流。地温变化和海温一样有较好的持续性,变化缓慢,当地温异常变化时,对大尺度环流系统影响时间长,易造成大尺度系统的异常变化。特别深层地温的变化更为缓慢,对大尺度系统的异常影响更大,而大尺度系统的异常又是形成洪涝灾害的直接原因。汤懋苍近年对地温研究表明,地热涡度的不同排列和演变与汛期旱涝关系密切,地热涡度活跃的地区,对流活动强,容易出现洪涝灾害。

地表覆盖状况,直接影响着天气的变化,影响程度和覆盖面积的大小有关系。目前对气候影响较大的高原积雪越来越引起人们的重视,研究表明,青藏高原作为亚洲一个庞大的热源,积雪异常将影响大气环流,特别对东亚季风环流有较大影响。环流的异常会引起降水的异常变化。在多雪年,亚太地区纬向环流占优势,东亚冬季风弱,副高偏强;少雪年相反,亚太地区经向环流占优势,西太平洋副高偏弱,位置偏北。对应中国夏季降水,多雪年雨带位置易偏南,长江及以南地区多雨,多洪涝;少雪年,对应中国主要雨带位置易偏北,北方易出现洪涝。

我们可以说,大气环流的异常是洪涝形成的直接原因,对中国降水影响较大的天气系统包括西太平洋副热带高压、中纬度阻高、东亚大槽、极涡、南亚高压、印缅槽、赤道辐合带等等。其中副热带高压和汛期旱涝关系较为密切,当副热带高压偏强、位置偏南时,汛期雨带易偏南;若副热带高压偏弱、位置偏北时,汛期雨带易偏北。当副热带高压偏强、偏南且脊点偏西,同时中纬度有阻高出现时,长江流域及东北易出现洪涝灾害。当副热带高压偏强、偏南、偏西时,长江中下游处于副热带高压的西北部,受副热带高压外围西南暖湿气流控制,若中纬度阻高出现,阻高将使西风带发生分支,其南支锋区南压至长江中下游,与西南暖湿空气交汇,形成长江流域的强降水,其北支沿阻高北侧东移,影响东北地区,造成东北北部的强降水。

人为因素

造成洪涝灾害的直接原因固然是气候的异常所形成的长时间持续暴雨,但人为因素也是主要原因。由于人口膨胀,向森林、湖河争地,过度采伐森林,破坏植被,填减湖泊,侵占河道等人类掠夺性活动,造成生态系统的破坏,加剧了洪涝的发生。

破坏森林植被,引发水土流失　森林有很好的蓄水作用,茂密的林冠,可以截流降水,一般截流量为20%,一公顷枯枝落叶层也能吸收大约240t水,同时森林的土壤渗透率高,蓄水性好。据估计,1万亩森林的蓄水能力相当于一个蓄水量为100万m^3的水库。森林、植被又可防止水土流失,调节气候,减少异常气候的发生。随着人口增加,人类活动范围扩大,受眼前利益驱使,对森林乱砍滥伐,使森林植被造成极大破坏。长江流域长期以来森林破坏严重,森林面积大幅度下降,长江上游森林覆盖率由建国初期的30%~40%,下降到现在的10%左右。1957年四川省森林覆盖率为22%,到1983年26年间降到13.3%,全省森林资源消耗量为生长量的2.67倍,致使森林日趋萎缩。由于森林植被破坏,导致上游大量水土流失,泥沙淤积,河床抬高,最终结果是调洪、蓄洪能力减弱,水患成灾,昔日清澈的长江水变得越来越混浊。

围湖造田影响蓄洪能力　历史上长江中下游,河流纵横,湖泊星罗棋布。由于筑堤围湖、围江河湖滩造田等人为因素,湖泊锐减,河流不畅,蓄洪调洪能力大减。解放前湖北省内有1066个湖泊,现在仅剩320个,武汉市素有"百湖城市"之称,境内有10多条河流和众多湖泊,解放初,武汉市区湖泊多达百余个,20世纪80年代尚有35个,因大量填湖占地和城市扩建,近十几年又有不少湖被填没,湖泊数已减至27个,总面积不足9万亩。由于湖泊大量被填占,蓄水能力大大减弱，一旦连续性暴雨出现，因湖泊蓄水有限，大量的降水汇流入河，造成河水暴涨，泛滥成灾。

填湖造田是湖泊萎缩的直接原因。自 20 世纪 60 年代起，各省纷纷围湖造田种粮种棉，如今，曾经"北通巫峡，南极潇湘"的洞庭湖早无昔日风采，泥沙淤积和人工围垦，使洞庭湖的水面面积缩小了一半以上。近 30 年，仅湘、鄂、赣、皖、苏五省便因围湖垦田而丧失湖泊面积达 1.2 万 km^2，近年来随着市场经济的转变，填湖建房一时又成了热潮，更一进步加剧湖面的萎缩。据专家推算，如湖泊不被大量围填，就可保持 50 年代的蓄洪能力，有些地区的洪涝灾害是可以避免发生的。

侵占河道，流水不畅　一方面由于生态环境的破坏，大量泥沙流入河道，使河床抬高，流水不畅。另一方面，近 20 年来随着工业化的高速发展，大量耕地被侵占，能够吸纳水分的土地面积不断缩小，人类为一时之利而盲目侵占河道盖房建厂，长江河道上各种阻水建筑屡禁不止，一旦暴雨成灾，河水猛涨，因阻水建筑影响，洪水下泄不畅，就很容易形成破堤、管涌，造成不可估量的损失。例如 1998 年九江市大堤防洪墙决口事件，据专家诊断，除防洪墙施工时偷工减料，为典型的"豆腐渣工程"等因素外，诸多违章建筑造成水流不畅，形成漩涡也是原因之一。

全球变暖，各类灾害增多

由于人类活动和社会工业化的发展向大气排放了大量的二氧化碳等温室气体，全球大气变得越来越暖。气候变暖是造成全球气候异常、洪涝灾害频发的罪魁祸首，这已是人们的共识。近百年全球平均地表气温上升了约 0.6℃，海平面上升了 10～25cm。20 世纪最暖的 10 年全部发生在 1983 年以后，其中 90 年代占了 8 年。据专家预测,如果按目前的情况发展下去,未来的100年内全球平均气温可能上升1.4~5.8℃,全球海平面将比目前上升9~88cm,将对许多国家带来灾难性的后果。全球气候变暖会导致极端气候事件的频发,例如造成地区旱涝频次增加,反常天气增多,自然灾害加重。以长江中游洪涝灾害为例,1950~1979年的30年中,发生严重洪涝年仅二次,1980~1989年的10年中却发生了二次,进入90年代更加频繁,严重洪涝出现三次,而且发生了震惊世界的1998年长江全流域特大洪水。说明随着气候变暖,洪涝灾害的确在不断增加。另外,由于气候变暖而影响海水变化,近年来厄尔尼诺现象发生次数加快,强度增加,仅20世纪90年代就发生4次,平均2.5年一次,而且1997~1998年发生了历史上最强的厄尔尼诺现象。厄尔尼诺现象影响全球气候异常,引发异常旱涝灾害的发生。世界各地洪涝灾害增加,灾害加重,很多都和厄尔尼诺现象有关。

气候变暖,引起海水变暖后膨胀和极地冰雪融化,海平面相应升高,低于海平面的沿海地区可能出现海水倒灌、土地盐碱化,某些地势低洼的岛国如萨摩亚、马尔代夫、马绍尔群岛和毛里求斯都将消失在海洋中,东京、纽约等沿海城市也将被淹没。如果气候变暖太快,还会导致许多生物因对气候不适应而产生退化,甚至灭绝。气候变暖还会使干旱地区沙漠化加快,风沙灾害加剧,使生态环境变得更加恶劣。

大量温室气体和污染物排入大气,不仅使大气变暖,而且严重污染大气,造成恶劣天气的频繁发生。20世纪90年代初有关人士在南亚上空距地面14km处发现了一片3km厚的褐色云层,推测它可能对亚洲及至全球的气候产生影响,这一发现引起联合国环境规划署的高度重视,经科学家5年努力,初步揭示“亚洲褐云”是由灰尘、煤烟、酸性物及其他有害悬浮粒子组成。研究证实,亚洲受褐色遮蔽地区的日照量减少了10%~15%,温度变低。相反低层大气的温度却上升了,这样冬季风向被改变,造成巴基斯坦西北部、阿富汗、中国西部等地区和中亚西部的降水量减少了20%～40%，而亚洲大陆东部地区，孟加拉湾、尼泊尔及印度东北部则洪水泛滥，还损害成千上万人的呼吸系统健康，甚至引起死亡。科学家认为“亚洲褐云”的成因中有80%是人为因素。

气候变化对全球和地区社会经济造成严重影响，据统计全球气候变化及相关极端事件造成的经济损失在过去40年平均上升了10倍。特别对位于气候脆弱区的发展中国家，气候灾害将会造成深重的灾难，阻碍社会经济的发展。

至此，我们可以说洪涝灾害的频繁发生，是天灾，更是人祸。一方面是气候有自己的变化规律，另一方面人为因素影响了气候的变化，加剧了旱涝灾害的发生，使旱涝灾害频次增加，程度加重，破坏及损失越来越大。

目前，世界各地森林继续遭到砍伐，植被继续被破坏，水土继续在流失，造成旱涝灾害越来越严重，生态环境越来越差，造成气候变暖的温室气体还在不断地排入大气。欧美工业发达国家是全球温室气体排放最多的国家，为遏制全球气候变暖，减少温室气体排放量，1997年在日本通过的《京都议定书》至今没有得到认真执行，一些发达国家讨价还价，企图延缓《京都议定书》按时生效，而美国继续顽固地坚持不履行义务的立场。人类为解决全球气候变暖问题的努力还要继续下去，减排任务更加艰巨，解决气候变暖问题，任重道远。

第四章

洪涝的地理原因

洪涝过程的发展受到多种因素的影响，与季节性区域降水量分布、流域地理位置和地貌、河道类型和形态、植被分布和水土流失以及人类活动有关。

地理位置

多洪涝灾害的中低纬地区

南方的天空不飘雪，诗人说是因为天上的云块不肯慷慨的脱落，其实我们说是因为它纬度偏南，偏南的地区雪少见，但雨却极为丰沛。世界气候受纬度影响可分为低纬度气候、中纬度气候及高纬度气候和高地气候四个大区，洪涝灾害主要集中于中低纬度地区。

低纬度洪涝主要出现在赤道多雨带、热带海洋性气候带、热带干湿季气候带、热带季风气候带。

赤道多雨带跨越赤道，位于赤道两侧，纬度伸展到5～10°左右，年降水量超过2000mm，如赤道非洲刚果河流域、尼日利亚西部到几内亚的非洲沿岸大部分地区、南美洲亚马逊河流域、亚洲与大洋洲之间的苏门答腊到新几内亚岛一带。这些地方盛行温暖、含水量高的赤道海洋气团，有利于产生丰富的对流雨，全年雷暴频繁。西印度群岛中瓜德罗普岛的巴尔斯特，1970 年 11 月 26 日测到 1 分钟的降水量达 38.1mm，这是世界上 1 分钟降雨的最高记录。

热带海洋性气候带中大陆和大岛屿东侧及热带海洋的若干岛屿上，我们称作信风海岸或者向风热带海岸，其洪涝灾害也较多。它位于南北纬 10～25°信风带，主要分布在中美洲的加勒比海沿岸及海中诸岛、南美洲巴西高原东侧沿岸、澳大利亚东北部沿海地带。由于这些地方是信风海岸，信风把潮湿的热带海洋气团从温暖的海洋上送入大陆，这个气团碰到沿岸丘陵和山地后就产生大量地形雨。热带东风带印度洋中的小岛——留尼汪岛是世界上暴雨最多的地方，留尼汪岛位于非洲马达加斯加岛以东印度洋上，面积 2510km^2。岛上地形复杂，山脉纵贯，高峰林立，最高峰叫雪山，海拔 3069m。留尼汪岛是典型的海洋性气候，处在印度洋热带风暴的主要通道上，每年都会受到热带风暴的多次侵袭，降雨丰沛，主要集中在盛夏的几个月里。

热带干湿季气候带位于热带多雨区外围纬度 5～15°左右地区。由于一年中干、湿季明显，降水年变率大，雨季时高温闷热，多对流雨，也容易形成洪涝，它主要分布在中美洲、南美洲、非洲地区。

热带季风气候带位于热带纬度 10°到回归线附近的大陆东岸地带。因热带季风发达，热带气旋盛行，年降水量大，集中于夏季，它主要分布在中南半岛、印度半岛大部、菲律宾和澳大利亚北部沿海地区以及中国海南岛、雷州半岛和台湾南端等，往往是洪涝最严重的地区。

不过同处低纬度的地区，由于所处位置不同，降水会呈现明显的差异，如位于副热带高压带和信风带的大陆腹地和西岸，由于受高压下沉气流控制，又因处于信风带的背风海岸及冷洋流流经而降水稀少，呈现干旱和半干旱气候。

中纬度是热带气团和极地气团角逐地带,洪涝主要出现在位于副热带大陆东岸的副热带季风气候区、副热带湿润气候区和温带海洋性气候区。

副热带大陆东岸的副热带季风气候区,主要分布在中国秦岭淮河以南、热带季风气候以北地区。日本南部和朝鲜半岛南部也属同类气候。

副热带湿润气候区主要分布在北美大陆东岸 25～35°的沿海地区、南美洲、非洲的东南海岸和澳大利亚的东岸地区,由于降水量季节分配比季风气候区均匀一些,洪涝也稍微轻一些。

分布于温带大陆西岸,约以纬度 50°为中心向北向南伸展 10°左右的温带海洋性气候,在欧洲分布最广,在南、北美洲、澳大利亚等地也有分布。终年盛行西风,冬暖夏凉,气旋雨丰沛。

欧洲北临北冰洋,西濒大西洋,绝大部分地区的气候温和、湿润,从西向东由海洋性气候过渡到大陆性气候。又由于平原辽阔,从浩瀚的北大西洋吹来的湿润的西风能毫无阻碍地深入内陆,大西洋暖流使整个西欧和北欧西部沿海地区更为温暖。欧洲中南部又受到地中海海洋气候的影响,夏季更是凉爽宜人,是全年中最美好的季节,平均温度多在 10～0℃之间,温湿相宜如仲秋,极少出现高温酷热天气,一到夜间,暑热便迅速消退,颇有凉气袭人之感;夏季这里的降水多为阵性,雨过天晴,阳光普照,到处郁郁葱葱,姹紫嫣红,百鸟争鸣,美丽的多瑙河缓缓流过,人们漫步在林间小径,悠闲自得,真是一个理想的度假胜地,世界各国的旅游者趋之若鹜。

一把双刃剑:洪涝重灾区的地理位置及原因

洪水原本并不是一种可怕的现象,所谓洪水系指当一条河的流量不能为河流的正常河床范围所容纳,水溢出河床范围而流至附近的森林和农田中的现象。在潮湿的气候区,大多数大河都有一个泛滥平原,分布在河床一侧或两侧的低平区域,这些地方大约每年被洪水淹没一次。这些预料中的一年一度的洪水既不造成破坏,并且洪水退后也不妨碍原来天然植被的正常生长。只有当洪水发生在有人类活动的地区方能成灾,目前人们所惧怕的是那些不经常出现的,可能是30～50年一遇的特大洪水。这些洪水迅速流入河流两岸广大区域,淹没城市和村庄,给人类带来巨大的灾难性后果。

从河道演变的历史中可以看到,古代的时候,河有河的流道,人有人的住处,各不相干。河流两岸并不筑堤,只是在居民区附近修些矮小的堤埂防护一下,这样,雨季的洪水可以四处游荡而不受约束,本无所谓水灾。但是渐渐的,老百姓贪图河流旁肥美的滩地,洪水又不是一年一度,于是便逐渐在堤内加筑民堤,圈堤围垦。围垦一再深入河滩,以至大堤之内又有好几道民堤,民堤离河床远的不过数里,近的只有一里多。河道宽窄不一,河线再三弯曲,严重阻碍行洪。因此河流两岸成为洪涝重灾区。

江河下游平原是地质时期以来逐渐形成的冲积平原,水源丰富,土地平坦,气候温润,交通便利,人们择水而居,因此江河下游平原是人类生产和生活的首选之区。而这一地区又是江河洪水和暴雨洪水直接威胁地区,滨海地区又有热带气旋的强烈影响,因此,在社会发展中,沿江河两岸平原和河口三角洲地带的洪水灾害往往造成巨大的经济损失和深远的社会影响。因为这些地区都是人口稠密、城市和工业集中的地区,一般处于政治、经济、文化中心的地位。对江河下游平原和滨海平原的开发,当然也要同时承担与之俱来的风险。

珠江流域为滨海平原,开发较迟,宋代以后,特别是明代以后水灾逐渐增多。据统计,元代至1949年的670年中有87年发生水灾,平均8年出现1次,其中清代268年中有45年发生水灾,平均6年出现1次,而民国的38年间有21年发生水灾,平均增加到1.8年1次。1915年珠江大水,使西、北、东三江的中下游及珠江三角洲遭受空前破坏,广东受灾农田达1000万亩,珠江三角洲70%沦为泽国,广州市被淹7天。珠江流域由西、北、东三江构成,地区跨度大,一般多局部地区性洪灾。流域性洪灾以西江为重，主要威胁平原地区和珠江三角洲。该区水灾与台风和风暴潮有直接关系，台风往往挟带暴雨，潮水顶托也使洪水更难下泄。以广东省为例，自宋代以来的一千年间，有大水灾33次，平均30年一大灾。

涝灾可分为内涝和“关门淹”两类。内涝是指流域内发生超标准降雨产生的径流，来不及排入河道而引起大面积积水成灾；“关门淹”指外河水位居高不下，致使支流下游的湖泊洼地无法自流排出而积水成灾。另外，长期积水，使区域地下水位升高，也造成区域涝渍灾害。内涝型洪水灾害在湖群分布广泛的地区更为明显。例如在太湖流域，区域经济高速发展，旧的农业生态失去平衡，新的平衡体系尚未建成，一旦出现大洪水，势必酿成大灾。

多年来防治洪水的实践经验表明，在遇超标准洪水时，要做到有效地减轻洪水灾害，必须在充分发挥防洪工程的作用下，配合运用分洪滞洪区。建设和用好蓄滞洪区是防御灾害性洪水的一项重要措施，但是蓄滞洪区并非经常运用，只有大洪水期间方才启用。因此，蓄滞洪区内的居民和产业也必然谋求发展，而区内居民越多，产业越发展，在蓄滞洪运用时的损失也越大。因此，加强蓄滞洪区的发展管理，是减轻灾害损失的重要方面。

地形地势

大范围的高原和山脉对降水的影响是十分显著的，它们可以迫使气流绕行、分支或爬坡、越过，并使气流速度发生变化。山麓丘陵地的雨量比它附近的平原为大，当然这种现象主要出现在山地的迎风坡。

大陆中纬度海岸区因极地海洋气团被迫抬升而降落大量地形雨。如美国西部地区的加利福尼亚州，当中纬度的盛行西风带从太平洋带来潮湿的空气，越过峰顶高出海平面 4000m 的北部、中部的海岸山脉和内华达山脉时，在这些山脉的迎风坡，年降水量在 2000mm 以上，丰沛的降水滋养了茂密的森林。有山脉延伸的海岸，如美国的阿拉斯加州、智利南部、挪威和新西兰南部等地，年降水都超过 2000mm，因此极易形成洪涝。

低纬度地区的许多地形雨实际上属于对流类型，这种类型的地形雨以大阵雨和雷暴的形态出现。对流性风暴由于不稳定空气越过山脉障碍时被迫抬升而爆发。亚洲和东印度山脉的强季风雨大部属于这种类型。

纵贯台湾岛西部的阿里山，海拔 2663m，日降雨量最大达 1164mm。我国降雨最多的地方是台湾省的火烧寮，1967 年 10 月火烧寮 24 小时的降雨量就达 1672mm，平均每分钟 1.1mm 左右，形成了特大暴雨。

集水面积大而出口小的溪河容易发生洪涝灾害。山区小平坝发生的涝灾多是由于集水面积大，水的出口小引起的。有的山区还有像盲肠一样的河，俗称“盲河”，河水流到一个地方，地表河床消失，由溶洞排水，因出口小，雨大时常发生洪涝。山前低平的凹地，是洪涝容易发生的地方。

在河网地区，湿害发生的几率较高。因为这类地区地下水位高，土壤透水性差，在雨水较多时，地下水距地表经常在 50cm 左右，甚至更浅，形成过湿的土壤环境，发生湿害。

我国洪涝灾害的主要地理背景

地理位置

我国处在欧亚大陆的东岸和太平洋的西岸，西南距印度洋也不远,因此我国季风气候特点显著,一年之内季风的交替与进退,对我国雨量的季节变化和地域差异有重要作用。而西部地区又有全球最大的青藏高原,受地形和海陆远近的影响,西北内陆腹地为干燥的大陆性气候,东南沿海为海洋性气候,而大部分国土属海陆相互影响的东亚季风气候区。在这一气候区内一般从 9～10 月开始至翌年 3～4 月盛行干冷的偏北风,4～9 月盛行暖湿的夏季风,季节特点鲜明,雨量集中在夏季。

地形地势

我国的地势西高东低,呈阶梯状向东南倾斜。由两列山脉组成的地貌界线,把我国大陆分成三级阶梯。西列是昆仑山、祁连山、岷山、邛崃山 、大雪山一线;东列是大兴安岭、太行山、巫山、雪峰山一线。西列山脉以南的青藏高原是最高的一级,海拔高度在 3000m 以上。东西两列山脉之间是第二阶梯,主要由广阔的高原和大盆地组成,海拔大都在 1000～2000m。东列山脉之东是第三阶梯,地势下降到海拔 500m 以下,主要由大平原和丘陵组成,如东北平原、华北平原和长江中下游平原,这些平原海拔多在 200m 以下。西高东低的地势有利于暖湿的海洋气流深入内陆,而阶梯状的地势,使水平梯度的变化具有明显的陡坡,特别是东列山系,对暴雨的分布产生显著影响。

我国长江以南地区,由于夏季风来得早,去得晚,雨季较长,3～6 月或 4～7 月为雨季,正常年 4 个月最大雨量约占全年降水量 50%～60%。华北、东北地区,雨季出现较迟,为 6～9 月,正常年份 4 个月最大雨量约占全年降水量 70%～80%,其中以华北降雨最为集中,大部分降雨集中在 6、8 两月。降水量的年际变化很大,各年之间雨量变化很不稳定,这是形成水旱灾害的又一主要原因。

第五章

洪涝的气候原因

洪涝形成的直接原因一般是由于大气活动的持续异常，当低值天气系统（低槽、切变线、气旋、低涡等）在某一地区长时间维持或反复出现时就有可能形成洪涝。而大气活动的异常又往往与太阳活动、海洋、冰雪覆盖、火山爆发，甚至人类活动等众多因素有关，太阳是形成地球气候的外部因子，其他因子则为地球气候系统的内部因子，根据气候系统的分类，把这些因子分成大气圈、水圈、冰雪圈、岩石圈和生物圈，对于年际时间尺度的气候异常，大气圈、水圈、冰雪圈的作用最为显著，本章重点介绍大气圈和水圈。

大气圈

大气圈由覆盖在地表的大气所构成，其质量主要集中在对流层，地球上的天气现象也发生于这一层。地球大气的运动称为大气环流，在全球大气环流中有一些重要的大型天气系统，这些天气系统的异常变化常常是发生干旱、洪涝等气象灾害的直接原因。对我国洪涝影响最大的大型天气系统主要有副热带高压、阻塞高压以及季风天气系统。本节重点对季风天气系统加以说明。

季风是风随季节而变化的现象。冬季，干燥寒冷的风由大陆吹向海洋，夏季，季风将温暖湿润的空气从海洋带到大陆，形成频频的季风雨。西文中"季风"一词（如英语中的 Monsoon，德语中的 Monsun，俄文中的 Муссон，等），来源于古代阿拉伯字 Mausim，其意思为气候。世界范围内，季风地区主要有东亚、东南亚、南亚、东非、西非、澳大利亚北部、西北太平洋以及北美洲大陆东岸等一些地区，这些地区生活着全球 60% 以上的人口。我国位于东亚季风区，是全球季风现象最为明显的区域之一。季风气候主要有以下特点，其一是冬季和夏季气流来自不同的源地，因此风向有较大差别（一般冬夏之间稳定的盛行风向相差达 120～180°）；其二是伴随着风的季节变化其天气气候有显著的不同，例如东亚季风区，冬季寒冷干燥，夏季炎热湿润、多雨，由于雨热同季，所以农作物产量高，得以养活众多的人口；其三是季风气候年际变化大，旱涝灾害频繁。亚洲大范围地区的降水分布、降水带移动以及旱涝灾害，很大程度上都受夏季风控制。

季风形成的原因

季风形成的主要有以下几方面的原因：

海陆热力差异的影响　由于海陆热力性质的巨大差异，冬季大陆寒冷，陆上形成冷高压；海洋温暖，洋面形成暖低压，于是低层风由大陆吹向海洋。夏季则相反，大陆炎热，陆地形成热低压；海洋较冷，洋面形成高气压，风由海洋吹向大陆。

行星风带季节变化的影响　在北半球近地面存在三支行星风带，高纬的极地东风带、中纬的盛行西风带、低纬的东北信风带。行星风带基本上是纬向分布的，当太阳直射随季节移动时，行星风带相应出现南北位移，并且其强度也有很大变化。在两支行星风带交替的区域，盛行风向便发生季节转变，往往近于相反，这种现象在低纬区 30°N～30°S 最为显著。

大地形的影响　大陆面积大，由于海陆间热力差异形成的季节性高低压很强，气压梯度季节变化也就大，季风也就越明显。北美大陆面积远远小于欧亚大陆，冬季的冷高压和夏季的热低压都不明显，所以季风也不明显。东亚地区，青藏高原对东亚和南亚的季风形成有很大影响。巨大高耸的青藏高原在夏季是一个很大的热源，低层形成热低压，盛行气旋性环流，这就加强了高原东侧平原上空的夏季风，使得我国东部平原夏季降水充沛，为农业生产的发展提供了良好的气候条件。而在冬季高原是冷源，低层形成冷高压，盛行反气旋环流，这就加强了高原东侧平原上空的东北风，使得我国冬季风很强，到达的纬度也很低，相同纬度气温大大低于北美。对于亚洲季风，南半球澳洲的陆地也有影响，北半球夏季时，南半球为冬季，欧亚大陆为热源，澳洲大陆为冷源，由于温度梯度的加大，使得亚洲季风区的季风更为强盛。

夏季风系统的构成

亚洲地区的洪涝一般发生于夏季，与夏季风的强弱、进退有很大关系，如果夏季风系统的某一成员位置和(或)强度发生异常变化就有可能造成旱涝灾害的发生。构成亚洲夏季风系统的主要成员有：

东亚夏季风系统　在低层有澳大利亚冷高压及其北侧 105°E 附近的越赤道气流、季风槽即热带辐合带(ITCZ)、西太平洋副热带高压、梅雨锋；高层则有南亚高压(青藏高压)南支东风急流。

印度夏季风系统　在低层有印度季风低压和季风槽、索马里低空急流、南半球的马斯克林高压；高层则有青藏高压、高空东风急流及其向南半球的越赤道气流。

夏季风的进退与雨季的关系

每年大陆上降水带的位置是与季风的进退相联系的，当夏季风来临，雨量便迅速增加。在我国，夏季风是从华南开始逐渐向华北推进的，一般夏季风雨带5月初出现在南海北部，5月中旬移到华南沿海。然后雨带缓慢北推，5月中、下旬停滞在华南。6月上、中旬雨带出现一次跳跃性的推进，到达长江中下游并一直延伸到日本，这便是江淮梅雨期的开始，梅雨在江淮一般要维持到7月上旬。然后，夏季风于7月中旬前后又出现一次跳跃性的推进，从而影响到淮河以北地区，7月下旬华北和东北地区进入全年雨季最盛期，一直维持到8月上旬，此时华南地区受东风带降水系统影响，进入后汛期。8月中下旬开始，夏季风雨带迅速南撤，全国（除东南沿海受到热带气旋影响地区外）雨量迅速减少。华西地区由于受地形的影响，多出现连绵秋雨，为一相对的多雨区。9、10月华北和华中地区多为秋高气爽的天气，10月中旬雨带退到华南。我国各地的雨季开始和撤退时间正常与否，大都直接与夏季风的进退时间有密切关系。

南亚地区的降水也主要由夏季风带来。以前人们认为亚洲为一个季风系统，东亚季风仅是南亚印度季风的延伸和推进，后经研究发现，东亚季风与印度季风是既相联系又相区别的，它们有各自的成因，爆发时间也不相同。在印度，要经历8个月的旱季（10月～翌年5月），才迎来雨季（6月～9月），且在性质上东亚季风系统是副热带性质的季风，印度季风属热带性质的季风。

斯里兰卡、印度半岛南端、孟加拉和缅甸西南海岸5月下旬至6月初夏季风开始盛行。印度平原，从3月起气温不断增高，5月～6月初，在烈日烘烤下气温升至35～40℃，尘土飞扬，高温难耐，水显得格外珍贵。6月中旬前后夏季风突然爆发，风向转成西南，乌云滚滚，雷雨频频，气温骤降，大地随之绿色葱茏，一派生机。印度北部在6月下旬夏季风开始盛行，7月上中旬季风雨带到达巴基斯坦。印度季风在整个南亚地区的推进只需一个多月,与之相比东亚季风由南到北推进则需3个月左右的时间。9月上半月南亚印度季风首先在巴基斯坦西部终止,并开始南退,但夏季风的南撤在南亚非常缓慢,直到12月初才撤除半岛最南端,与之相比东亚夏季风由华北撤退到撤出华南,只要一个多月时间。

以上叙述的是季风进退与雨带位置变化的多年平均情况,但季风气候的特点是年际变化很大,每年的实际情况可能有很大差异。

季风的年际变化与旱涝的关系

夏季风的来临和撤退以及在一地的维持时间,年际之间存在很大差异。季风来临早、维持时间长的年份易出现洪涝,反之则造成干旱。由于季风气候的不稳定,因此季风区旱涝灾害较为频繁。根据资料统计,我国在1950～1986年的37年间平均每年旱灾面积约2000万 hm^2,雨涝受灾面积约670万 hm^2,洪涝灾害严重的年份,更是给人民生命财产和社会经济建设造成严重损失。如1954年长江发生全流域大洪水,该年,雨季过早来到,并长时间停滞于江淮流域,4月份鄱阳湖水系即开始出现大到暴雨,赣江上游月降水量达500mm以上,5～7月大雨带一直徘徊于江淮流域,其中7月江淮大部分地区的降水较常年偏多1～5倍。长时间的大到暴雨使江河水位猛涨,长江沿岸水位突破历史记录,干堤决口60多处,江汉平原和岳阳、黄石、九江、安庆、芜湖等城市受淹,京广铁路中断100多天,为了确保荆江大堤和武汉的安全,被迫进行了荆江分洪。该年,湖北、湖南、江西、安徽、江苏5省123个县市受淹,淹没农田317万 hm^2(4755万亩),受灾人口1888万人,死亡3.3万人。1998年由于季风降水的异常,长江流域出现两段梅雨,发生了1954年以来又一次全流域性的大洪水,嫩江、松花江发生了超历史记录的特大洪水。据统计,这一年全国共有22个省(区、市)遭受了不同程度的洪涝灾害,受灾面积2120万 hm^2(3.18亿亩),成灾面积1306.67万 hm^2(1.96亿亩),死亡3000多人(其中长江流域1320余人),直接经济损失1666亿元。1963年我国华北出现严重洪涝,8月,河北省中南部出现特大暴雨,强度大,雨量集中,引起山洪暴发,造成40多万hm^2农作物绝收,倒塌房屋88万多间,许多交通道路被毁,死亡600多人,直接经济损失456亿元。季风降水异常也会导致干旱,如1978年夏季,雨带并未在长江流域停滞,为空梅年,造成当年的大旱。1972年夏季,全国发生了大面积的干旱,受灾农田达3000万hm^2,粮食减产39亿kg。

南亚季风的年际变异同样给当地带来灾害,如1988年,过多的季风降水引发洪水泛滥,使孟加拉国一片汪洋,3/4的国土浸泡在洪水之中。1972年,印度北部的许多地区和南亚半岛北部,6月,季风雨不能如期而至,7月季风中断期长,导致干旱,农作物遭受严重危害。在印度,季风的正常与否关系到整个国家经济的盛衰,有人比喻说:印度的命运像赌博那样寄希望与季风。

季风强弱与旱涝的关系

夏季风的来临和撤退与维持时间等年际间的差异,决定着我国年际间不同的夏季降水状况和旱涝地区的分布。夏季风很强的年份,雨带迅速推到北方,北方多雨,长江中下游梅雨期较短,出现严重的伏旱;反之,夏季风弱的年份,长江中下游雨带停滞,雨量过多,发生洪涝,而北方出现旱象,如1999年。因此,季风气候的特点,特别是冬、夏季风的异常变化,使我国成为世界上气象灾害发生最为频繁的国家之一。

由于季风主要是由海陆热力差异所引起的气压差所驱动的,因此可以用海陆间的气压梯度来反映季风的强弱,郭其蕴取10～50°N范围内每10°纬圈上110°E减160°E之间的气压差值≤－5hPa的所有数值之和代表东亚夏季风的强度。将各年值与30年平均求比值,称作夏季风强度指数。孙安健、高波的研究表明,对应于华北平原地区的干旱和雨涝，可以发现 70 %的雨涝是出现在东亚夏季风强度指数大于 1，即夏季风偏强的年份；而 70 %的干旱则是出现在东亚夏季风强度指数小于 1，即夏季风偏弱的年份。施能、朱乾根等，也以海陆间的气压梯度定义了一个季风强度指数，他们的研究表明，当夏季风强时，副热带高压位置偏北，造成黄河以南、长江中下游以及长江上游以南大片地区降水偏少，而其北面的地区降水偏多。当夏季风弱时，则多雨区偏南，江南或江淮流域易出现雨涝。对于长江中下游大旱、大涝年的研究表明：大涝年多对应弱的夏季风；大旱年多对应强的夏季风，这是因为当夏季风强大时，将雨带推向了更北的黄河流域及以北地区。东亚强夏季风年和弱夏季风年，500hPa 大气环流形势也有明显的不同。当夏季风强时，500hPa 距平场的配置表明，西太平洋副热带高压偏强且位置偏北、偏西，东亚副热带锋区位置偏北。在这样的东亚强季风环流形势下，我国夏季温度场表现为大范围正距平，雨带位置偏北，多雨区位于黄河流域及以北。当夏季风弱时，夏季在鄂霍茨克海多阻塞形势，孟加拉湾西风气流较强，副热带高压位置异常偏南，造成我国夏季低温及雨带位置偏南。

季风的多年变化

研究发现，季风除了年际间的差异外还可能存在时间尺度更长的变化。通过对多年气象资料的检测发现，我国黄河流域和华北地区 1965 年前后存在气候由湿向干的突变。在 20 世纪 50 年代，这一地区降水偏多，发生洪涝的年份也多，但从 1965 年以后，降水明显减少，干旱趋势明显；以降水量的 10 年滑动平均计算，20 世纪 80 年代华北地区区域总平均夏季降水量比 20 世纪 50 年代约减少了 20%左右，进入 90 年代后干旱趋势似乎有所减缓。国内外的学者通过大量研究发现，我国北方这种气候突变现象并不是孤立的，它与北非、印度西北部以及日本北部的气候变干是相一致的，这些地区连在一起形成了一条行星尺度的气候突变带。早在 1983 年我国学者郭其蕴就发现东亚季风于1966～1967年的前后有突然减弱的现象。严中伟等也指出我国华北地区旱涝气候突变可能与季风环流的伸缩和强弱变化有关,尽管亚非干旱带分别位于不同的纬度带,但作为一个整体,它们都位于亚非夏季风的北部地区,对与大尺度海陆热力对比有密切联系的季风系统的变化非常敏感。近年宋燕、季劲钧又用全球降水、气温、海平面气压和850hPa风场等多种资料对这一现象进行了研究,发现这些气象要素场的分布在20世纪60年代中期确有方向相反的变化,变化后的海陆温度场、气压场的梯度值减小,这就导致夏季风系统减弱,从而影响到季风北缘降水量减小,这是亚非带状地区降水减少的直接原因。

对长江中下游1885～2000年116年的梅雨研究也表明,江淮梅雨同样存在多种时间尺度的低频振荡现象,其中1958～1968年为入梅迟、出梅早的异常少梅雨期,1979～1999年出现具有很大年际变率的梅雨偏多期。

以上这些事实表明季风是一个非常复杂的系统,它是全球气候系统的重要组成部分,研究它的活动和变化,对于我们认识气候,以及对未来的气候状况做出展望或预测都是极有意义的。

水　圈

海洋占地球表面积的70.8%,其质量是大气的250倍。海洋因为其巨大的热容量(其比热要比空气约大四倍,密度约大1000倍),成为影响气候的重要因子。地球气候的形成,以及发生于大气中的长期天气过程都受到海洋的影响,因此当海洋出现某些异常现象时,就有可能通过海气相互作用诱发严重的气候灾害,其中对全球气候影响最大的是发生于热带中、东太平洋地区的厄尔尼诺(El Nino)和拉尼娜(La Nina)事件。

厄尔尼诺

什么是厄尔尼诺

简要地说,厄尔尼诺是发生于热带太平洋中、东海域的表层海水增暖现象,这种现象一般于冬季12月出现,次年春季逐渐消失,南美西岸秘鲁的渔民称之为El Nino,其西班牙语的意思是"圣婴"。

厄尔尼诺是由海气相互作用产生的一种自然现象,它自古以来一直存在。人们对厄尔尼诺的关注至少可以追溯到19世纪中叶,那时就有人已经注意到厄尔尼诺的发生对秘鲁沿岸的海鸟数量和鸟粪产量有很大影响。18、19世纪鸟粪是秘鲁的一种重要资源,它被欧洲及北美洲的农业所需要,而秘鲁鸟粪资源是通过自然生态链形成的。在秘鲁沿岸生活着大量海鸟,这些海鸟靠捕食生活在附近海洋表层的鱼类和浮游生物而生存。一般情况下,秘鲁沿岸的海流和水况非常适合这些鱼类和浮游生物的生长,这是由于这一海域存在由海洋深层向上的涌升海流。涌升海流大致是这样产生的,在太阳辐射沿纬度不均匀分布和地球自转的作用下,大气经圈环流形成了南半球低纬的东南信风,这种偏东气流由南美西岸向海洋吹送,在风应力的作用下不仅造成沿着南美海岸向北然后在赤道附近向西的海流,而且还形成辐散的爱克曼漂流,这种辐散的爱克曼漂流吸引深层冷的海水上升补充到表层,这一过程称为"沿岸涌升",而这支形成于秘鲁沿岸的海流则称为"秘鲁寒流"。深层海水在涌升过程中将许多富含营养的化学物质从大洋深层带到海表透光层,为海洋浮游生物的生长提供了良好的条件,这些浮游生物又成为鱼类丰富的食物,因此鱼类大量生长,随后,鱼类和浮游生物又被海鸟所捕食,经过千百年的累积,就在秘鲁沿岸留下了堆积如山的鸟粪。当厄尔尼诺事件发生时,秘鲁沿岸的海水涌升减弱,海表温度上升,浮游生物大量减少,生活在那里的鱼类因缺少食物而大量死亡或迁徙,这又造成了数以万计的海鸟因食物匮乏而死亡。例如,秘鲁的海鱼捕获量1970年达1200万t，但经过1972～1973年的强厄尔尼诺事件，1973年的捕获量骤减到200万t左右。起初人们更多注意的是厄尔尼诺的海洋现象，以后才逐渐认识到它与全球天气气候有着极端重要的联系。

厄尔尼诺对全球天气气候的影响

1891年秘鲁地球物理学会路易斯·卡林泽博士首先正式指出，厄尔尼诺还对当地气候状况有重大影响。一百年来，这一现象引起了愈来愈多的海洋学家与气候学家的注意和研究。1982～1983年，出现了一次百年来最强的厄尔尼诺现象，给热带西太平洋沿岸带来严重干旱，给热带东太平洋沿岸带来灾难性洪涝，更加促使科学家们走近厄尔尼诺，了解厄尔尼诺。厄尔尼诺与天气气候的关系早在前2个世纪就为人们所注意，在1895年利马召开的国际地理大会上就有人指出，"可以肯定，这种暖流在秘鲁少雨地区造成大的降水，因为已经观测到在多个酷夏发生暴雨。"在20世纪初，由于观测手段的限制和人们活动范围的狭小，并未把厄尔尼诺同全球的极端天气气候事件相联系，直到20世纪60年代，很多科学家都认为"厄尔尼诺"是区域性问题，它主要影响太平洋东部的南美沿海地区和太平洋中部的澳大利亚沿海地区。然而20世纪80年代以后，通过气象卫星的观测发现，"厄尔尼诺"在世界很多地方都出现。由于海水表面温度平均每升高1度，就会使海水上空的大气温度升高6度，造成大气环流异常，严重地影响世界各地的气候。所以每当厄尔尼诺现象发生时，世界上很多地方都会发生诸如冷夏、暖冬、干旱、暴雨等异常气候。1982～1983年，东太平洋赤道海域的海表面温度持续高于正常温度，引起了全球气候异常。全球一部分地区发生了几十年甚至几百年不遇的严重旱灾，而另一部分地区却遭受了多年未遇的暴雨和洪水。台风、冰雹、雪灾、冻害、龙卷风等灾害也在全球各地频频发生，造成的直接经济损失达200亿美元。这是本世纪最严重的"厄尔尼诺现象"。1995年对墨西哥来说是一个多灾多难的年头，从年初至5月几乎滴雨未下，出现了近百年来最严重的旱情。全国有近

2.6 万 km^2 的耕地未能按时播种，家畜大量死亡，森林火灾频频发生，至5月份烧毁森林 13.2 万 km^2。专家们分析，这次灾害的发生也主要应归结于“厄尔尼诺”现象。1997～1998 年又发生了 20 世纪最为严重的 ENSO 事件，自 1997 年 8 月以来，发生在印度尼西亚加里曼丹岛和苏门答腊岛的森林大火持续燃烧了近三个月，被焚毁的热带森林多达 $1000km^2$，估计损失高达 1250 万美元。这场大火不仅使印尼的大片林地、耕地和数以万计的珍稀动物惨遭灭顶之灾，而且其产生的有害烟尘及不可避免的酸雨还波及到周边一些国家和地区，严重影响了当地居民正常的生活和经济秩序。在这场“世纪性环保灾难”中，印尼邻国中受害最严重的国家是马来西亚和新加坡，浓烈而令人窒息的烟尘迫使街上行人和中小学生不得不戴上防烟口罩。尽管如此，受烟雾危害而起的呼吸道感染、咽喉疼痛和皮肤不适症患者成倍增加。许多烟雾笼罩地区的大气能见度降至几百米甚至仅有 1m 左右，交通部门陷于瘫痪。

印尼这场本世纪世界最大的森林大火，究其原因，是印尼在 1997 年夏天遭受了严重干旱，当地居民原始落后的耕作方式与烧荒时引发的上千处火情蔓延所致，而自 1997 年 3 月起再次出现的“ENSO”现象更为这场森林浩劫的发生起了助纣为虐的作用。

1997 年冬季三个月，长江中下游气候反常，水情异常，降雨量较历史同期明显偏多，引起中下游干流水位上涨，枯季不枯，水利部门的专家认为，厄尔尼诺是造成长江中下游长时间、大范围阴雨雪天气的一个重要原因。从 1997 年 11 月中下旬到 1998 年元月的近 3 个月中，长江中下游地区降雨较历史同期明显偏多，中下游干流各主要水文控制站水位相继抬升。1997 年是 20 世纪全球厄尔尼诺最强的一次，其强度已超过原认为最强的 1982～1983 年那一次。

初步研究表明，厄尔尼诺次年往往是长江中下游雨水偏多的年份。近期长江在冬季一次水位涨幅高达 2～3m 的现象在历史上不多见，极有可能与厄尔尼诺有关。

长江中游重要水文控制站汉口站1月最高水位超过17m的年份共9年,其中6年都是强厄尔尼诺的次年或当年。这些统计数据表明,1998年长江汉口站1月最高水位突破历史记录极可能与强厄尔尼诺有关。

1998年夏,我国长江中下游地区连续普降暴雨,洪水猛涨,沿江多数地区水位突破历史最高纪录,数百万军民上堤严防死守,仍然险情迭出,九江长江大堤决口达123小时之久,引起全国上下关注。

据华盛顿的世界观察研究所发表的一份天气灾害调查报告说,20世纪90年代初至1995年期间所发生的气候灾害比80年代增加了5倍,且经济损失超过30亿美元的竟有16次。1997~1998年由于“天灾”给全世界造成了百多亿美元以上的经济损失和7000多人的死亡。“老天爷”为何狂躁不安?专家们比较一致的看法由于赤道东南太平洋地区形成了近几百年来持续时间最长的一次厄尔尼诺现象,由于厄尔尼诺而引起了世界天气、气候异常。联合国世界气象组织已把它提升为影响当今世界天气异常的三大因子之首(其余两个是人类活动造成的大气温室效应和森林破坏)。

“厄尔尼诺”这一反常的大气现象在全球范围内兴风作浪,但它引起的气候反常也不全是破坏性的,非洲国家肯尼亚却因厄尔尼诺受益匪浅。

肯尼亚首都内罗毕西北部的挪古洛湖,曾以火烈鸟名闻遐迩,后来由于水源枯竭,鸟散人稀。孰料近年来蒙厄尔尼诺之赐,充沛的雨水让这个数百万年前地壳变化时所形成的盐水湖,又在青山环抱中重现汪洋一片。150万只左右的火烈鸟在湖边栖息觅食,将沙滩染成一团粉红的彩霞,许多外国游客慕名而来。

肯尼亚政府估计,从1997年10~12月的连绵大雨令湖水最起码在数年内不会枯竭。湖上的火烈鸟的数量也将很可能增加到20世纪60年代鼎盛时期的200万只。

厄尔尼诺带来的出乎意料的雨水同样令肯尼亚牧民大声叫好。

维多得亚湖是非洲第一大湖，湖边地区是肯尼亚主要牧区之一，是内罗毕等大中城市日常消费的牛羊肉与奶产品的重要产地。岁末年初，肯尼亚按例应由雨季转入旱季，但厄尔尼诺却令当地几个月大雨不绝，使应旱就干枯的草原一派葱绿，牛羊等自然不再如往年那样靠储存饲料苦度旱季。营养丰实的新鲜青草使这一地区的牛羊奶足膘肥，肉与奶的产量大为提高，价格普遍下降到低于往年的水准，消费者大受厄尔尼诺之惠。

厄尔尼诺与海气相互作用

现在，气象学家早已不把厄尔尼诺看成是一个孤立的海洋事件，更加多的是注意到其中海气之间的相互耦合。他们早就发现，南太平洋与印度洋之间的气压变化趋势，常有较密切的跷跷板一样的反向关联(即太平洋区气压和热带印度洋区气压升降呈相反的振荡现象)，气象上把这种远距离的关联现象形象地称之为遥相关，而将上述地区气压变化的联系称为“南方涛动”，用英文字头简写为SO。其后发现，厄尔尼诺和南方涛动有密切的联系。当南方涛动偏强时，低纬信风增大，促使秘鲁寒流加强；南方涛动衰弱时，也就是印度洋海面气压上升，南太平洋中东部气压下降时，赤道中太平洋信风带就大大减弱，预示着厄尔尼诺即将发生。现在，气象学家已经把这两种现象合起来一起研究，并将他们的英文字头拼成“ENSO”，称之为恩索现象。很明显，这里特别强调海气间的相互作用和影响，厄尔尼诺现象的出现，已经被看成是海气作用，并进一步引起全球气候异常的重要信息。厄尔尼诺现象怎样形成的，又为什么会影响到大气的状态和变化呢？这一直是国际海洋和气象科学研究上的一个重要课题。世界气象组织制定过从1985年开始为期十年的热带海洋和全球大气计划(TOGA)，其目的之一就是想通过对海气相互作用的研究，寻求提高对厄尔尼诺及异常气候的预测能力。

现在已经知道，在正常情况下，太平洋赤道两侧盛行稳定强劲的偏东信风，它将温暖的表层海水，吹离南美沿岸，并向西流动，在赤道太平洋西部堆积，其海面可比东侧高30～40cm；同时，在南美沿岸也相应出现了为补偿西去海水而形成的上升流（称为涌升区）。上翻的海水来自深层，含有丰富浮游生物，为鱼类提供了大量的食饵。更有意义的是它的温度比较低，因此最终在赤道太平洋地区形成了西暖东冷、对比明显的水温分布型。对大气来说，海水就像一台热机，西部海温高，被加热的大气上升，到达高空后转向东；而东部海温低，空气被冷却下沉，到达海面后转向西（即东南信风），由此在赤道上空形成一个完整的纬向垂直环流圈，被气象学家称为“瓦克环流”。结果赤道太平洋东侧沿岸因盛行下沉气流，成为著名的赤道干旱带，日界线以东，南纬0～100°范围内年降水量仅500mm左右，在临近冷水岸的秘鲁、智利沿岸就更少了。与此相反，在西侧菲律宾、印度尼西亚一带，对流上升气流旺盛，形成湿润多雨气候区，常年降水量在2000mm以上，瓦克环流也正是产生南方涛动的纽带。

但是，当有某种原因引起了偏东气流减弱，使中东太平洋深层冷水涌升大大减弱，甚至由于在赤道附近出现西风气流，使原堆积在西部的暖海水向东回流，吹拂着水温较高的赤道逆流海水沿秘鲁寒流来的方向逆洋流南下，把秘鲁寒流变性为暖流。这股悄然而至不固定的暖流被称之为厄尔尼诺暖流。这样原来的海温分布格局受到破坏，太平洋西侧海温下降，中东太平洋海温上升。当增温幅度高于0.5℃并持续几个月至半年时，便形成了一次新的厄尔尼诺现象。通常增温不仅发生在海表，有时可影响到海下200m深处。1997年的厄尔尼诺开始后，就观测到太平洋中东部暖水区扩大了300%，12月中东太平洋海域水温高出正常年份5℃。海温的异常必然影响到瓦克环流。

为什么增温0.5℃就算异常了呢？海水的比热大，吸收太阳辐射能力强，因此广阔的大洋通常被视为大气的重要热库。有人计算过，100m深的海水温度变化0.1℃所用的热量，便足以使上面5000m厚度的大气层温度提高6℃。赤道太平洋水域占全球海域1/

4,因此那里的海温异常变暖,立即会影响瓦克环流的强度与方向。在自然界,持续的上升气流意味着水汽不断凝结和大量降雨,而持续的下沉气流则对应久晴和干旱。由于南美沿岸增温处附近原下沉气流盛行区变为上升对流旺盛区,所以异常多雨,发生洪涝,干旱区多年积累的花草种籽,遇雨百花怒放,沙漠顿时成绿洲。而在西部,印度尼西亚、伊利安岛、澳大利亚北部的热带雨林区由于海温降低引起气流上升对流减弱,造成降雨大幅度减少,导致干旱发展。同时,在海洋中,上升流的减弱或消失,使水中浮游生物骤减,鱼类因食物锐减随之死亡,以鱼为食的海鸟也成批饿死或迁徙。例如1925年厄尔尼诺期间,秘鲁不仅大批鱼死鸟亡,还在3月份观测到394.4mm的降水量,而这里前5年的降水量总和才不过17.9mm。

人们还发现,厄尔尼诺的发生并不遵循严格的规律。通常是在冬春形成,翌年冬春结束,持续一年左右,平均每2～7年一次。100年来大小已经发生过30多次。20世纪50年代至今,全球已发生ENSO事件13次,1997年是第14次,这也是最近10年发生的第4次强ENSO现象。

厄尔尼诺的形成原因

厄尔尼诺现象的形成、每次的征兆及异常增温位置都不尽相同,是什么原因最初引起偏东气流的突然变化呢?遗憾的是这层面纱仍未被完全揭开。我国的一些专家提出了地球运动和内部的某些变化,例如自转速率大幅度持续减慢、太平洋火山爆发、海底地震以及太阳活动等,都可能引发厄尔尼诺的形成,除了这些“纯自然”的因素外,是否多少与人类活动导致自然环境恶化有关?这些推测都有待进一步论证。但太平洋中部信风的减弱是导致厄尔尼诺形成的直接原因。每年10月至翌年3月时值南半球夏季,南半球海域水温普遍升温,向东流动的赤道逆流得到加强,恰逢此时,全球的气压带和风带向南移动,东北信风跨过赤道受到南半球的自转偏向力作用而偏转成西北季风。西北季风削弱了秘鲁西海岸的离岸风——东南信风,甚至形成西风气流。由此而造成中东赤道异常增温海区对大气异常加热,影响赤道地区的瓦克环流,破坏了正常平衡,进而引发其他地区气候异常。还有研究发现,海洋和大气的罗斯贝波相互作用,可激发一类向东传播的藕合波,这种波动解释了发生在赤道中太平洋的暖水(例如1982~1983年那次厄尔尼诺事件)向东传播,最终导致厄尔尼诺现象发生的物理原因。科学家还从理论上证明了热带太平洋海洋波动的相互作用,可促使厄尔尼诺的形成和发展。在热带太平洋上,向东传播的开尔文波和向西传播的罗斯贝波相互作用,可激发向东和向西的藕合波。这种波动有利于暖水向东西两个不同方向传输,导致不同类型的厄尔尼诺现象发生。厄尔尼诺现象的发生跟太平洋东、西两测的大气环流有着密切的关系,特别是热带大西洋西部的环流场。南亚夏季风,北半球秋、冬季的大气环流的变异或突变,往往是厄尔尼诺发生的前期强信号。

拉尼娜

厄尔尼诺和拉尼娜均系西班牙语,前者意为“耶稣的小男孩”(EI Nino),后者意为“耶稣的小女孩”(La Nina),由于这两种异常的自然现象在发生的时间上常常一先一后,所以科学家们也称其为“一对孪生兄妹”。

1997年底,厄尔尼诺的增温现象稳定下来了,海洋和气象学家预计这一次厄尔尼诺事件在当年5~6月份就可结束,全球的气候将趋于正常。但出乎意料的是,以赤道太平洋东部和中部广大海区海面温度持久性的异常偏低为标志的“拉尼娜”(反厄尔尼诺)又出现了,比1997年厄尔尼诺的暖水事件更使海洋和气象学家震惊。因为1997年的厄尔尼诺虽然创下了历史最高值,大范围的海表温度比正常的气候值高出5摄氏度,部分地区高出约7摄氏度,但这样的高温是从1997年4月份开始,经过了约8个月的时间才达到的,远不如这次拉尼娜来得迅猛。

热带海洋的变冷,将使大气从海洋获得的热量比正常时少,大气环流的格局也将因此偏离正常状态而出现气候异常。但是,拉尼娜造成的气候异常并不正好与厄尔尼诺造成的气候异常相反,而是有它们自己的规律。对东亚来讲,如厄尔尼诺期间一般副热带高压强度偏强、纬度偏北,而拉尼娜期间,则副热带高压的强度要弱些,位置也要偏南些。而现在的形势是,厄尔尼诺的影响并未完全消失(对大气影响的时滞性),而拉尼娜的影响便开始了,这将使中国的气候状态变得异常复杂。

拉尼娜期间沃克环流圈的位置并不发生移动,只是因为赤道太平洋西部更暖、东部更冷,因而环流圈强度比正常年更强些而已。在赤道太平洋周边的直接影响区,拉尼娜年中仅仅是西太平洋上升气流更强、雨量更多些;东太平洋则下沉气流更强、雨量更少些罢了。由于这些地区中原来雨量已经很多或很少,因此雨量再分别增加一些和减少一些,一般不会引起重大灾害。而在间接影响区中,因为瓦克环流圈位置不发生移动,就不会像厄尔尼诺期间那样使全球大气环流乱套。因此,从这个意义上说,拉尼娜期间所造成的世界大气环流变化和气象灾害也要比厄尔尼诺小得多。

气候变暖

气候变化问题已成为一个全球环境问题,愈来愈引起世界各国政府和人民的关注与重视。而全球变暖是目前气候变化的一个主要论题。根据近100多年全球气温资料的仔细分析,全球平均地面温度已上升0.3~0.6℃,因而全球变暖的现象是一个事实。

每个人都在问这样一些急迫的问题:全球变暖是事实吗?变化将可能是多大?将有更严重的洪涝灾害并且灾害将更频繁吗?

科学家确信全球变暖的事实,以及由人类活动造成的气候变化。

增暖会有多大以及世界不同地区气候变化将怎样分布，仍需要进行周密的研究。

全球变暖将会造成一些不利后果。

高纬低地洪涝频发。若海平面上升20～150cm，全球居住在沿海的1/3人口将饱受风暴、海浪袭击，一些地区和小国可能永远从陆地上消失。

海平面升高，可能淹没沿海土地和增加风暴潮与风暴浪。

中国大部分地区属季风区，全球增温在季风区的主要影响是冬季风减弱与夏季风增强，因此，中国冬季增暖比全球平均要显著得多。夏季风增强将更能深入北方和内陆，使那里的雨水增多。

暴雨有加强的可能。查阅中国古代气候史料，也证实在温暖期(3000～5000年前)洪水较多，而在寒冷期(3～6世纪、17世纪小冰期)的旱灾较多。在理论上的解释是，当大气增温时，空气中水汽增多，潮湿不稳定能也增加；反之，在大气降温时，大气含水量减少，潮湿不稳定能也减少。这就形成了温暖期致雨过程明显强于寒冷期的原因。

全球增温在不同的经济领域、人口规模和地理区域对同一气候事件的响应不尽相同。第一，在粮食紧张的地方，气候导致减产的社会后果很严重。第二，在人口稠密的地方及沿海地区，植物覆盖面积可能将减小，土壤有机质含量降低，释放CO_2增多，局部地区环境恶化，低洼地受淹。第三，在研究死亡率与气候关系的基础上，可以直接估计气候变化造成的人口变化。第四，可能导致国与国之间因资源、能源财富再分配不协调而引发新的国际冲突。

因温室气体排放量受到了控制，气候变化的速度有不同程度的降低。预计21世纪全球温度的平均升高率分别是每10年0.2℃、0.1℃和0.1℃左右。这三种情景下海平面上升幅度也相应减少，估计到下世纪末海平面上升幅度约在30～50cm之间。

气候变化幅度在全球各地区是不均匀的。据估计，地表气温比海表气温变暖快。冬季高纬度地区升温比全球平均大 50%～100%,夏季在海冰区的升温比全球平均小。

增暖也会对某些地区产生有利的影响,如有利于我国多年生林木越冬,相应的降水增加也有利于我国北方与内陆的少雨地区。但是,前面曾说过,各地的生产模式与当地气候、水文条件(在沿海和海洋上还考虑海洋条件)基本上是适应的。因此,对于改善了的温度与降水只有在改变了生产模式之后,才能很好加以利用;而在改变生产模式之前,仍然有可能使灾害增加。例如,我国的黄土高原是缺水才水土流失严重的地区,降水增加固然有利,但水土流失将会更为严重,是一个不能不注意的问题。

气候变化带来一系列人类生存环境的变化,将会严重地阻碍工业化国家及发展中国家的经济发展,并导致严重的自然环境和社会、经济的破坏。估计,若维持正常的粮食生产规模,仅由于全球变暖而对农业生产影响一项,全世界就不得不耗资 2000 亿美元。全球为防范气候变化而造成损失所耗去的费用就相当于经济总产值的 3%。

全球增温与海平面上涨将是当前气象、洪涝、海洋灾害增加的一个重要原因。

第六章

面对洪涝　人类要反省

全球气候越来越异常，气候变暖，旱涝灾害越来越频繁，给人类带来的损失越来越大，直接威胁着人类生存的环境，严峻的形势引起了科学家们的注意，也引起各国政府的重视。如何减缓气候变暖，如何减少旱涝灾害，已经引起了人类的思考。

加速气象现代化建设，提高监测预测水平

加强气候监测

洪涝灾害的成因是多方面的，其直接原因是气候异常，雨水过大。因此要准确预测洪涝灾害的发生，首先要对全球气候系统进行定量观测和综合分析。为此，世界气象组织和一些国家自20世纪70年代起就组织了一系列大规模的国际性观测试验，如“全球气候观测系统计划”、“热带海洋和全球大气计划”、“世界海洋环流试验”、“海水预测国际气候试验”、

“国际卫星陆地气候学计划”、“国际卫星云气候学计划”等等，还有更多的区域性观测试验。我国也组织了四个气象科学试验：南海季风试验、淮河流域能量和水循环试验、青藏高原地－气系统物理过程及其对全球气候和中国灾害性天气影响的观测和理论研究、海峡两岸及临近地区暴雨试验研究等等，这些试验为进一步探索和研究气候异常、致洪暴雨的物理成因和机制，具有十分重要的意义。但是必须指出，虽然几十年来气象学家们花费很大的物力、人力对气候进行监测，但由于气候系统是一个十分复杂又十分庞大的系统，要想深入、广泛地对其预测研究十分困难，因此对气候监测、分析还要深入、持久地坚持下去。

努力提高气候预测的准确率

防汛抗洪是一项庞大的系统工程，涉及防洪工程修建、防洪物质供应、防汛人员调度等等，都需要一定的时间来完成，如能提早为各级领导提供准确的气候预测和汛情预报，这对于更好地做好防汛的准备工作，争取更多的时间，将具有十分重要的意义。

气候变化与气候预测是当今国际社会气象科学研究的热点和难点。由人类活动引起的全球气候变化是一种时间尺度为十年或百年的气候长期变化趋势，叠加在这个长期气候背景上最明显的就是月、季和年际尺度的短期气候变化。它们主要由自然的原因引起，许多气候极端事件和气候灾害都由这种短期气候变化或异常所造成。长期以来国际气象界对气候研究和预测非常重视，制定计划对其研究，如世界气候研究计划（WCRP）、全球能量和水循环试验计划（GEWEX）、气候变率及其可预报性研究计划（CLIVAR）以及1995年美国提出的国际年际气候预测计划（SCPP）等，并取得不少成果，不少国家为加强本国气候预测研究都相继成立了气候研究或预测中心。

我国1995年成立国家气候中心，从事短期气候预测和人类活动对气候变化影响等方面的业务和研究工作。目前短期气候预测仍然是我国天气气候工作的主要薄弱环节，月、季、年气候预测的科学性、准确性和可靠性都不是很高，与国民经济和社会发展的迫切需求极不相称。为此，"九五"期间国家气候中心及有关单位完成了国家科技部重中之重项目《我国短期气候预测系统》的研究。新一代短期气候预测综合业务系统的建设，对洪涝、干旱等气候灾害的预测能力有了较大的提高。

加速气象现代化，提高气象保障服务能力

气象现代化这一个复杂而又庞大的系统工程建设，它除了探测、通讯、预报、服务等系统外，还有一个很重要的建设内容，即中小尺度天气监测、预警系统。对于大暴雨这类灾害性天气，强降水过程多从中尺度天气系统中产生，怎样加强对中小尺度天气系统的研究，提高对中小尺度灾害性天气的预报能力，除加强对其科学研究、提高业务监测水平外，还要加快中小尺度监测基地的建设和改造，以便更好地使其发挥作用。在关键地区还要增设新的监测、预警基地，以适应气象决策服务和公众服务的需要，提高抗洪防灾等气象服务能力，提高气象服务的社会和经济效益。

加强防汛抗洪信息的科学综合能力

信息是决策的基础。正确的雨情、水情、灾情是防汛抢险指挥决策中重要的科学依据，缺少信息或信息不全不准，就无法对防汛抗洪的形势作出正确的判断。因此，强化信息采集处理及信息传递的及时性、准确性，减少不必要的机构重叠，对于提高防汛抗洪决策的科学性、主动性，将会起着至关重要的作用。目前由于信息采集手段比较落后，数据处理自动化程度较低，远不能满足防汛抗洪需要，亟待采用现代化技术，按照系统工程的方法制定统一规定和技术标准，组建防汛抗洪的综合信息处理系统。

由于地形原因，有些地区一旦强降水出现，很快会形成洪水。这就要求，信息收集、处理要快，由于水文站点分布不均，所提供的信息量存在一定的局限性，为提高洪水预报的准确性，要合理调配、设置水文观测站。由于历史上雷达技术和数据处理能力的限制，特别是缺乏对区域性降水量估测的科学方法，影响了天气雷达资料的广泛应用。自20世纪80年代以来，世界各国天气雷达的应用取得了突破性的进展，以西欧地区为例，业务运行的数字化天气雷达100多部，其中半数具有多普勒功能，能提供定量的地面降水测量，以用于洪水预报。多普勒天气雷达系统还可获得降水天气系统及周围环境的大气风场信息。美国1995年在全国布设165部新一代天气雷达(NEXRAD)，这一雷达网已在美国灾害性天气预报和水文业务服务中发挥极大的作用。

我国气象科技工作者经多年研究，已在天气雷达定量估算降水强度和区域降水量监测技术上取得一定突破，建立了多普勒天气雷达网，可连续提供广阔区域的面雨量资料。以新一代天气雷达网为主要手段的暴雨洪涝监测与业务预报系统，将可为各级防汛抗洪指挥部门提供及时、直观、详细的降水资料和重要水文参数分布实况及演变趋势，这对于防汛抢险决策、防灾、救灾、水资源管理、水力发电调度等方面具有重要的社会效益和经济效益。

保护地球，人人有责

保护生态环境，综合治理，减缓和适应人类活动造成的影响，是人类共同的责任。多年来世界各国为此各自做出了努力，但还很不够，气候还在变暖，生态还在恶化。

植树造林,治理水土流失

水患问题与生态息息相关,而生态问题的关键在于森林。

随着世界人口的增长与垦殖规模的扩大,森林被大量砍伐,林地被垦为农田,人与森林争地的矛盾愈来愈突出。例如我国在古代,森林面积覆盖率曾达49%,到清初减为26%,目前我国森林覆盖率仅为13%。森林减少之后,其后果是森林涵养水源的功能减退,一旦大雨来临,森林吸纳水量减少,大量雨水直下江河,造成江河水位暴涨。另外,森林可以覆盖土地,保护土壤不遭雨水冲刷,森林减少之后,易造成水土流失。而泥沙沿河而下,在水势趋缓之际便开始淤积抬高河床,缩小湖面,使行水、蓄水能力变差,防洪、调度能力降低,抵御灾害的空间缩小。例如洞庭湖相同洪峰流量下,20 世纪 90 年代水位比 60 年代高出 2～3m。洪涝灾害的日益加剧再次提醒我们,重新思考人与自然的关系。我国政府为改善生态环境,减少自然灾害造成的损失,采取了积极的措施,退耕还林,严令长江、黄河中上游51 个重点森林工业企业及地方森林工业企业全面停止采伐,转向封山造林,力争十几年后长江、黄河中上游的生态环境有较大改善。

维护生态平衡,改善生态环境

行洪、蓄洪区域大幅度减少,是造成大洪水的一个重要原因。明清时期素有“千湖之省”之称的湖北省,至今湖泊面积减少了 70%,总面积仅剩 355 万亩。泥沙淤积和人工围垦,使洞庭湖的水面已缩小了一半以上。近 30 年长江中下游五省因围湖垦田而丧失湖泊面积 1.2 万平方公里。近年随着市场经济开发,填湖建房又成为热潮。湖泊缩小乃至消失,其主要原因是人为因素造成的,由于生态环境的破坏,昔日鱼鸭戏水、莲藕飘香的江南山水园林之地、鱼米之乡,饱受洪涝、干旱的威胁。1998 年震惊世界的长江大洪水再次给我们敲响了警钟。

加强水利建设，实施综合治理

世界各地由于气候异常，降水极不均匀，有些地方如非洲、中西亚的一些地区，常年雨水偏少，我国西北地区也是干旱严重的地区之一。而有些地区近年来雨水又比较多，如欧洲、亚洲中南部的一些地区，洪涝灾害出现比较频繁。我国20世纪90年代以来有多次洪涝发生，出现越来越频繁，危害越来越严重，因此我们要增强水患意识，加大水利建设投资，实行综合治理，从根本上提高抗御洪涝灾害的能力。我们要根据保证水利设施和生态环境建设的需要，按照全面规划，提高大江、大河、大湖的防洪标准，增加全流域的整体防洪能力。水利设施要贯彻开源与节流并重的方针，既要考虑防洪排涝的需要，又要考虑蓄水抗旱的需要，把两者有机结合起来，真正变水害为水利。

在生态环境方面，要按照"全国水土保持规定"，以长江、黄河等大江大河水土保持工程建设为重点，大力开展植树造林、种草，实行封山育林，进行流域综合治理，保持水土。力争通过几十年的努力，使我国生态环境有较大改善，明显减少水土流失，改变长江、黄河等大江大河泥沙严重淤积的状况。同时根据条件与可能，对过渡开垦、围垦的土地，有计划、有步骤退耕还林，维持生态平衡，改善生态环境。

应对全球变暖，世界各国有责

在过去的100多年里，特别是最近50年，人类向大气中过度排放以二氧化碳为主的温室气体，大气中二氧化碳的浓度比过去几十万年中任何时候都高。温室气体的过量排放使得过去的140年中全球平均气温升高了0.4～0.8℃。如果不对温室气体的排放采取严格的限制措施，继续增加温室气体排放，未来的100年内全球平均气温可能上升1.4～5.8℃，全球海平面将比目前上升9～88cm，将给许多国家带来灾难性结果。此外，全球变暖还会导致极端气候现象频繁发生，如洪涝暴雨、龙卷风、干旱等，对人类和社会构成极大威胁。如果温度超过一定临界值可能导致气候突变，使得某些地区气温急剧升高，某些地区气温急剧下降，给整个人类社会带来毁灭性灾难。人类只有共同努力减少温室气体的排放，阻止全球气候变暖，才能避免这种灾难发生。

1997 年 12 月《联合国气候变化框架公约》第三次缔约方大会在日本京都制定了《京都议定书》，提出到 2008 年，最迟到 2012 年时，全世界的温室气体排放量要比 1990 年的排放量减少 5.2%，欧、美、日本分别要减少 8%、7% 和 6%。在过去的一二百年里温室气体的积累，主要是发达国家造成的，解决全球气候变暖应该主要靠发达国家努力来解决。我国近年来十分重视气候变化问题，积极提高能效，节约能源，开发先进的能源技术，植树造林，在减少温室气体排放方面做出了突出贡献，并得到国际社会的公认。

对于世界各国来说，任何一个国家和地区的不负责任的行为，也会殃及池鱼。人类如果不精诚合作，排除分歧，也只能是搬起石头砸自己的脚，使我们美丽的家园受到进一步的伤害。

第七章

洪涝防治的工程性措施

随着气候变化和气候极端事件的增多，人类社会经济的发展和人口的不断增长，使洪涝灾害造成的危害越来越大，防洪减灾将是全人类长期而艰巨的任务。

地球陆地的许多地区都存在着洪涝灾害，以沿江河两岸平原和河口三角洲地带为主，这些地区人口稠密，城市和工业集中，处于政治、经济、文化中心的地位，洪涝灾害往往造成巨大的经济损失和深远的社会影响。因此，各国政府都把防洪作为公众福利的安全保障事业，大力进行防洪防涝工程建设，如在上游兴修控制性的综合水库，拦蓄洪水，削减洪峰；在中游进行河道整治，加固堤防，开辟蓄滞洪区，使洪水安全顺畅宣泄，形成一个完整的防洪工程体系；同时，大力进行非工程措施建设，它与工程措施相辅相成，虽然不能改变洪水的特点，而是通过政策、法令、行政、技术、经济等手段，减少洪涝灾害损失。

当前防洪减灾的主要工程措施包括：修筑堤防、整治河道，以便将洪水约束在河槽里并顺利向下游输送；修建水库控制上游洪水来量，调蓄洪水，削减洪峰；在重点保护地区附近修建分洪区（或滞洪、蓄洪区），使超过水库、堤防防御能力的洪水有计划地向分滞洪区内输送，以保护下游地区的安全。

堤防与河道整治

对经济发达、流域性洪水严重地区修筑堤防、整治河道是重要的防御措施之一。我国政府十分重视大江大河的治理，现已设堤防25.1万km，堤防保护面积3414.6万hm^2（1997年资料），主要分布在江河中下游及沿海地区，其中，大江大河的干流、主要支流、海堤、重点圩垸等堤防大约有5.6万km。这些堤防是我国重要地带防洪安全的屏障，是全国防洪的重点工程。黄河下游堤防、长江中游荆江大堤、淮河北大堤、洪泽湖大堤、里运河大堤、珠江的北江大堤以及钱塘江海塘等全国著名的堤防工程，都是经过数百年或数千年形成的，工程规模宏大，对今后防洪仍具有重要的意义。利用堤防约束河水泛滥是防洪的基本手段之一，是一项现实的、长期的防洪措施。不仅历史上防洪要靠堤防，今后防洪仍然离不开堤防。

虽然自解放以来，我国各江河所建的防洪工程对抗洪减灾发挥了巨大的作用，但从洪水灾情来看，洪水泛滥对社会的威胁还远未得到彻底根治，堤防河道工程依然存在不少问题，主要表现为：①堤防防洪标准较低。就目前而言，防洪标准能达100年一遇以上的仅有少数几个大城市河段，非城市河段一般仅为10～20年，最高也不过50年一遇标准。②堤防质量差，险工险段多。③山区植被破坏严重，水土大量流失，河、湖、水库淤积。如长江宜昌站测得上游每年来沙量，由20世纪50年代初的4.04亿t增至80年代末的5.33亿t，造成中下游河道严重淤积，从而导致过水断面减小，行洪能力降低，而枯水期河段通航又有困难。④河道、湖泊破坏严重，危及防洪安全。河道与湖泊遭受破坏和侵占现象屡见不鲜，特别是在目前管理尚不严和有法不依的情况下，正在日趋恶化。黄河支流青龙涧河靠近三门峡市河段，竟被侵占河宽一半，当地把投资5.0亿元的电厂建于河内。“千湖之省”的湖北原有大小湖泊1066个，现只剩325个，减少70%。还有的靠岸挖沙，有的向河湖内倾倒垃圾等。以上这些均严重地影响行洪和调蓄洪水，甚至危及堤防与城市的安全。⑤河道无护岸、岸坡，冲刷坍塌严重。我国江河除城市段外，所有河道大都无护岸工程，堤岸经高水位长期浸泡，或经水流淘刷和风浪、船行波的冲击，很易发生坍塌。塌土被水流带走后，大部淤于河内，故坍岸也是造成江河淤积的一个重要因素，堤岸坍塌会使大量农田被毁，河道展宽变浅，进而危及堤防安全。因此我国河道整治与堤防建设仍然需要进一步加强，以适应我国国民经济发展和确保人民生命财产安全。

目前我国堤防的规划设计在理论和实践方面都有所提高，但主要还停留在按照经验行事的阶段，必须抓紧科学有效的河道防洪规划的编制与落实。随着人口的增加和经济的发展，堤防越修越长、越修越高。许多过去没有堤防的中小支流，也随着土地开发利用的提高或河床淤积、行洪能力下降而新修了堤防。特别是山地丘陵区的河流，往往为了保护很小的面积，修建很长很高的堤防。这种趋势应从技术经济的合理性和可能产生的长期后果，进行综合性分析研究，不宜轻率修建。对我国现行的防洪标准应予修订和提高。在河道堤防整治中，将大江大河的堤基、堤身的防渗、漏作为堤防工程中的重中之重，开展以防止塌岸为中心的河道整治和加强以清障为中心的河道管理。加强各流域大江大河堤防隐蔽工程的除险加固，特别是长江堤防隐蔽工程的除险加固。强化河道、湖泊和山林的管理。

城市防洪堤是一个特殊的问题。应当结合城市规划，使城市防洪堤与城市公用设施如道路、公园、停车场等相结合，扩大堤防断面和堤内外的护堤带，发挥堤防的综合作用。

在下游河道输水能力不足的流域，如海河和太湖等，开辟新的分泄洪水的河道也是比较常用的办法。

水库工程

中国洪水灾害集中在江河中下游平原地区，洪水来量大、河道泄洪能力低，蓄泄兼筹是防洪的基本方针。我国大多数河流的洪水是由一次或几次集中暴雨形成。洪水涨落快，洪峰流量集中，利用水库调节洪水十分有效。水库工程在防洪体系中，主要是利用水库调蓄洪水，减小中下游地区的洪峰流量，并与下游区间洪水错峰；另外，水库防洪，可以根据水情、雨情及下游洪水情况相互调度，蓄泄灵活，可靠性强，防洪作用十分显著。它是江河流域防洪的一项根本性的防洪措施。因此，防洪水库是防洪工程体系建设中的重要内容。

许多河流上的山地丘陵区与平原区交接河段的控制性水库，对下游平原区的防洪经常起决定性作用。如黄河三门峡水库控制了黄河上中游的绝大部分流域面积，基本控制了上中游洪水对下游的威胁。汉江丹江口水库，控制了汉江流域面积的60%，基本控制了汉江中下游平原的洪水灾害。这些控制性水库工程，不仅本身起到显著的调节洪水的作用，而且对一条河流整个防洪工程体系调度运用的可靠性和灵活性起到了保障作用，为防汛抢险创造了有利条件。目前全国已建成的大中小型水库85 120座，其中大型水库420座，库容量4204亿m^3，占全国水库总库容的81%；超过10亿m^3以上的大型水库69座，中型水库2704座，库容量746亿m^3，占全国水库总库容量的14%；小型水库81 448座，占全国水库总库容量的5%。全国水库总库容量达到5184亿m^3，约相当于全国径流总量的1/6。防洪库容量达1300亿m^3，约占总库容的1/4，约相当于各流域流域性洪水防御目标情况下设计洪量的1/7左右。2000～2002年间，已经建成或正在建设的大型水库有长江的三峡、黄河的小浪底、珠江的龙滩和百色、松花江的尼尔基等12座，总库容量920亿m^3，防洪库容量369亿m^3。都发挥或者即将发挥不同程度的防洪作用。

20世纪，我国出现了3个明显的洪水频发期。第一个是1930～1939年，第二个是1949～1963年，进入90年代，我国处于第3个洪水频发期。在历次洪水中，我国的8万余座水库在防洪减灾中发挥了极其重要的作用。如海河流域南系1963年8月上旬沿太行山自南向北的特大暴雨，山区河流洪水暴涨，大清河南支水库拦蓄18.7亿m^3，削减洪峰30%～80%。1991年淮河流域发生大洪水，6月30日至7月12日，当淮河干流第2次洪峰进入安徽时，大别山区连降大暴雨，佛子岭、磨子潭、梅山、响洪甸4大水库上游流域平均降雨量达850mm，累计降雨量46.9亿m^3，水库拦蓄洪水19.9亿m^3，其中梅山、响洪甸水库为淮河干流错峰47小时和83小时。经水库调洪、削峰、错峰后，淠河横排头7月11日最高水位为55.82m，洪峰流量5600 m^3/s。另据估算，如无梅山水库，金寨县城1991年水位将抬高约4m，损失将更为惨重。1995年7月辽河的浑河流域发生有史料记载以来的最大洪水，大伙房水库蓄洪量16.6亿m^3，为下游错峰12小时，削减洪峰50%，清河、柴河、观音阁3座水库，分别为下游削峰58%、73%和70%，保证了沈阳、抚顺城市的安全，减少直接经济损失160亿元。对全流域性洪水，水库群作用显著。如1998年洪水期间，长江上游干流8次洪峰先后与中游洞庭湖、鄱阳湖洪水遭遇。长江流域有700多座大中型水库参与拦洪、削峰，拦蓄洪水量约340亿m^3。其中长江干流的葛洲坝，支流丹江口、隔河岩、漳河，洞庭湖水系的柘溪、凤滩、五强溪，鄱阳湖水系的柘林等大中型水库，充分发挥削峰、拦洪作用，防洪效益和社会、经济效益巨大。隔河岩水库在长江的8次洪峰中，共拦蓄清江支流洪水18.8亿m^3，降低沙市水位0.03～0.34m。葛洲坝水利枢纽在长江第6、7、8次洪峰洪水中，为干流削峰1800～2700 m^3/s,降低沙市水位0.15～0.22m。漳河水库在长江第6次洪峰洪水中,关闸错峰,降低沙市水位0.08m。由于三水库联合调度,在长江第6次洪峰洪水中,降低沙市水位0.49m,如无三水库拦洪,沙市水位将达45.71m(实际为45.22m)。丹江口水库在长江第6次洪峰期间,最大入库达18300 m^3/s,下泄1280 m^3/s,拦蓄洪水21亿m^3,削减洪峰93%。如果没有水库拦蓄,下游杜家台分洪区将损失巨大。长江第3次洪峰洪水期间,水库共拦蓄12.8亿m^3,降低城陵矶水位约0.46m。江西柘林水库1998年拦蓄2次洪峰洪水,拦蓄洪水19.8亿m^3,为保证京九铁路的安全和减轻修水下游防洪压力作出突出贡献。初步分析,若三峡水库建成,在1998年洪水条件下,若按初步设计拟定的调度规程,通过三峡拦洪,可降低沙市水位0.7m以上,降低武汉水位0.4m以上。

水库作为流域防洪中的控制性工程,在调蓄洪水方面发挥了重要的作用。抗洪实践证明,对支流,水库有效地控制了局部洪水,避免或减轻了下游洪涝灾害;对干流,水库群联合调度,大大降低了下游水位,减少了洪量,作用十分突出。但我们应该看到,由于我国江河径流在时间分配和空间分布上的不均匀性,水库防洪中还存在着一些不利因素,制约着水库防洪调度。主要表现在:①我国的七大江河干流仍然缺乏控制性水库工程,调蓄能力有限。我国各类水库可用来保坝调洪的库容约1800亿m^3,仅占洪水径流量的11%,可用于保护下游防洪安全的防洪库容就更少。②水库防洪调度现代化建设滞后。③水库设计的洪水调度方式,不能适应目前我国对防洪提出的要求。④水库老化失修,病险水库增多,对防汛安全构成严重威胁。局部大暴雨,特别是降在库区的暴雨,应引起我们的高度重视。上述因素使我国现有控制性水库工程的调节能力远不能满足社会和经济发展对防洪保安的要求,比起欧洲、北美等发达国家还有较大差距。以美国而言,全国(不包括阿拉斯加和夏威夷)河流的年径流量约1.7万亿m^3,已建水库库容达1万亿m^3,总库容占年径流总量的

60%;而我国年径流量约2.7万亿m^3,已建8万多座水库,总库容约5184亿m^3,约相当于全国径流总量的1/6。因此,发展水库防洪在我国有非常重要的地位,许多大江大河如不修建控制性水库,是无法解决洪水的严重威胁的。按照我国防洪工程体系总体布局,2020年之前,规划建设承担流域防洪任务的大型水库共106座,可新增大型水库总库容量2712亿m^3,其中防洪库容量1092亿m^3。新增大型水库库容量占已建及在建大型水库总库容量的61%,新增大型水库防洪库容占已建及在建大型水库防洪库容的86%。到2020年,按规划实施后,我国水库总库容量可达到8800亿m^3,防洪库容量2800亿m^3,水库总库容量与年径流量比值可达32.5%,接近美国1982年的水库总库容量与径流量比值(我国水资源紧缺的北方地区如黄河流域、海河流域和辽河流域该比例值高于其他流域)。水库防洪库容量与流域性洪水防御目标洪量的比值可达25.3%,比现在增加了11%,进一步提高了控制性水库对流域洪水的控制能力。但水库对洪水总量的控制能力仍然有限,还必须依靠堤防、蓄滞洪区等其他工程措施共同组成防洪工程体系。规划水库建成后,同已建水库联合运用,配合其他措施可以使我国七大江河重点防洪保护区达到流域防洪规划所确定的防洪标准。规划水库的建成对提高其控制河段的防洪标准将起到十分重要的作用。如长江流域的溪洛渡水库不但可以把川江河段的防洪标准从20年一遇提高到50年一遇,而且还可配合三峡水库工程进一步提高长江干流的防洪标准;黄河流域的古贤水库可以拦沙138亿t,减少禹门口至潼关河道淤积量53.7亿t,减少下游河道淤积77亿t,相当于下游河道20年不大幅度淤积抬高,还可以与三门峡和小浪底共同运用,进一步提高黄河干流的防洪标准。同时要加强水库防洪调度现代化建设,开发技术先进、可靠、实用的水库防洪调度系统,抓紧病险库加固处理,更好地发挥其防洪与兴利作用。

分滞洪区建设

防治洪水的历史经验说明,由于江河洪水峰高量大,变化幅度也比较大,要做到有效地减轻洪水灾害,取得合理性和经济性最优的防洪效果,一般不可能通过采取单一的防洪工程设施实现,特别是在处理较大洪水时更是如此。成功的做法是采取综合措施,形成科学的防洪体系。也就是说每条江河要有一定标准的防洪工程控制洪水,同时对于超过工程能力的较大洪水,也要有妥善的分洪滞洪方案。按牺牲局部、保全大局的原则,做到最大限度减轻灾害。为了解决平原地区河道洪水来量与泄洪能力的矛盾,在遭遇超过河道堤防安全泄量的超标准洪水时,分洪道和分蓄洪区是必须采取的措施。分洪虽为防洪之下策,但其应急排险作用则无法取代。因为,堤防的加高是有限度的,同时即使再完备的大堤也难免不出现问题。可以说,分滞洪区是各大流域防洪的最后一道防线,可以不用,但不可没有。它在防洪危急时刻发挥关键性作用,事关防洪大局安全。

中国分滞洪区的建设是结合我国江河治理,有计划地把沿江河两侧自然调节洪水的湖泊洼地,建设成有控制性可调节洪水的蓄滞洪区,这既可充分有效地发挥其分洪、削洪作用,又可提高湖泊洼地可耕地的利用率。目前,我国已建成分滞洪区 98 处,总面积 3.5 万 km^2,容量约 980 亿 m^3。已建的大型分滞洪区有:黄河的北金堤滞洪区,长江荆江分洪区,淮河蒙洼分洪区,永定河的小清河分洪区等。长江中下游共有分滞洪区 40 处,长江中游最主要的有三个分滞(蓄)洪区,即荆江分洪区、西凉湖分洪区和杜家台分洪区。其他各流域都有不同标准和数量的分滞洪区。

已建的大型分滞洪区在我国的防汛抗洪中实施分洪,发挥了显著的效益。如荆江分洪区在 1954 年大洪水中先后三次开闸分洪,分洪流量 6900 m^3/s,分洪量 122.6 亿 m^3,降低沙市水位 0.96m,减轻了洪水对长江中游主干堤和武汉的威胁。1999 年梅雨期间,浙江的杭嘉湖地区和新安江流域发生了百年未遇的洪灾。按照“上蓄、中分、下泄”的原则和我国政府部门批准的控制运用计划、调度方案,各类水利工程充分发挥了防洪减灾作用。其中东苕溪南、北湖分洪发挥了重要的作用,根据“东苕溪(德清以上河段)洪水调度方案”(1997 年汛期起执行),东苕溪北湖从 6 月 25 日 18 时 45 分至 7 月 1 日共分洪 3 次,最大分洪流量约 300 m^3/s,分滞洪水量 0.24 亿 m^3。南湖于 7 月 1 日 8 时 43 分开闸分洪,最大分洪流量 300 m^3/s,分滞洪水量 0.177 亿 m^3,有效降低德清以上河段洪水位 0.2~0.1m。东苕溪中游的南、北湖二处分滞洪区实施分洪虽然只降低了德清以上河段洪水位 0.2~0.1m,但为浙江战胜“99630”特大洪水,起到了有效的作用。1998 年的大洪水,松花江流域的嫩江胖头泡等堤段决口,虽然造成肇源等地不小的淹没损失,但实际上却起到了为松花江干流分洪的作用,大大减轻了松花江干流河段,特别是哈尔滨市的防洪压力。初步估计,仅胖头泡堤段决口分洪 1000 m^3/s 左右,使哈尔滨市的洪水位降低了 0.2m。上述事实都充分说明了分滞洪区分洪对于削减洪峰、流域干流防洪减压和保护下游重要地区安全具有显著的作用。

但是,随着社会经济的发展和管理松弛,分蓄洪区运用遇到了一些新的困难。例如,当前黄河、长江、淮河、海河为防御特大洪水使用的蓄滞洪区共有 98 处,内有耕地 197 多万 hm^2,人口 1809 多万。涉及 186 个县,23000 多个自然村。通过最近几十年大规模的防洪建设,河道堤防普遍加强,部分水系扩大了排洪出路,进行了河道整治,河道行洪能力有很大的提高,行洪、分蓄洪区的使用机会大大减少。由于管理失控、人口增长和经济发展,蓄滞洪区和天然湖泊都程度不同地被盲目围垦,侵占开发,成为农村经济的重要产业地带,这就使这些蓄滞洪区蓄滞洪运用、洪水调度成了很大难题,一旦要分洪,带来的经济损失很大,而且临时转移人口也十分困难。例如:长江中游的荆江分洪区,在1954年长江特大洪水时,分洪区内只有17万人,现在人口已增长到47万。

当前,分蓄洪区已成为防洪工程体系的薄弱环节,因此很有必要加强分蓄洪区的建设和管理,按照治水的新思路,充分尊重自然规律,给洪水以出路,保证分蓄洪区正常运用。要健全法规法案控制应用好分滞(蓄)洪区,建设良好的分蓄洪区工程体系;制定分蓄洪区经济发展与人口增加的限制政策和分蓄洪的补偿政策;建设完备的安全设施体系,有计划地对安全台、安全楼房和转移道路及行洪设施进行建设;对分滞洪区采取梯级化建设和分级管理的模式。将一个大的蓄洪区分成几个梯级蓄洪区,施行逐级分洪,对不同级别的蓄洪区采取不同的建设和管理模式。

防汛抢险

鉴于洪水常造成灾害的严重后果,我国提出了"以防为主,防重于抢"的方针,以指导全国的防汛抢险。在防汛组织方面,1949年以后,中央政府先后成立了"中央防汛总指挥部"、"国家防汛指挥部"。各省、市、地、县成立了各级防汛指挥部。各级防汛指挥部都由各级主要行政首长任指挥,水利部门的领导任副指挥。各地驻军领导,各级财政、物资、交通、邮电、能源、气象等部门指定专人参加指挥部工作。各级水利部门内设立防汛办公室负责日常工作。大江大河流域机构设立专门防汛部门,为统一防汛调度制定具体方案。

"防"就是及时了解雨情水情,加强防范;"抢"就是指一旦出现险情时的紧急抢护,不惜一切代价,保卫国家建设和人民生命财产免遭洪水侵袭。防汛抢险中工程性措施的目的是防止洪水浸顶、散浸、滑坡、漏洞、管涌、流土、堵口等抢护措施。为了做到快速防洪抢险,尽可能地减少国家和人民的生命财产损失。

建立防汛抢险决策指挥系统

本系统主要包括信息采集子系统、洪水预报子系统、指挥调度子系统和数据传输子系统、数据管理子系统、图文信息子系统等六大系统。信息采集子系统主要是对雨、水、工、灾情信息的采集、接收,是整个系统的基础部分。洪水预报子系统是整个系统的技术核心部分。该子系统根据接收到的信息,利用水文产汇流数学模型(其核心内容是建立以时间、净雨量和净雨修正系数来描述,同时考虑人类活动的影响的水文模型),实时或超前地进行流域洪水预报。指挥调度子系统是根据洪水预报的结果,对可能出现的洪水进行量级划分,依据各条河各洪水量级预先制定的抢险参考方案和系统提供的背景资料与信息进行综合评估、会商后,确定最终抢险方案。数据传输子系统是利用通讯、计算机网络将接收到的信息,准确、迅速地写入相应的系统数据库中,以备进一步分析与运算。图文信息子系统主要功能是收集有关防汛的历史资料,以便及时查询。数据管理子系统主要用于系统的管理和维护,为其他子系统提供所需的数据和信息,协调各子系统之间的关系,以及查询数据和修改参数等。

准备好充分的人、财、物

每年国家和相关省、市、地区政府都要准备大量的财力、人力和物力投入到防汛抢险之中。防洪抢险物资包括石料、土料、木料、麻袋、钢筋、水泥、炸药和交通运输工具车辆以及抢险设备物资等。防洪人员主要指由各级政府部门、部队组织的日夜坚守在防汛第一线的人员和随时准备投入到第一线的预备人员。防汛是天大的事,任何人、任何事不得挪用防汛抢险的人、财、物。

严密监视堤防、巡回检查,发现问题及时处理

堤防工程受自然因素的作用和人为活动的影响,其工作状态和抗洪能力会发生不断的变化,如产生工程缺陷或出现一些其他问题,不能及时发现处理,一旦汛期出现高水位,将产生险情。往往会措手不及,造成防汛的被动局面,因此必须对堤防进行经常性的巡回检查与观测,发现问题及时处理。

(1)经常性检查堤顶路面、防浪墙、堤体上游护砌以及坝坡有无开裂、下游排水体排水是否通畅。

(2)检查堤防是否发生塌坑。

(3)检查干砌石护坡有无松动、翻起、架空、垫层流失,浆砌石护坡有无裂缝、下沉、折断或垫层掏空,草坡护坡及土坡有无坍陷、雨淋坑、冲沟、裂缝等现象。

(4)大风期间要注意观察波浪对堤面的影响,块石护坡有无破坏。

(5)检查堤防下游坡及堤下老河槽、台地等,注意有无阴湿、渗水现象。

(6)检查堤身有无兽洞、蚁穴等隐患。

生态环境的维护和改善

近几年,全世界洪涝灾害频发,特别是1998年中国发生了历史以来的特大洪水和2002年的欧洲大洪水,对世界的经济和环境造成了广泛的影响,引起了国内和国际社会的极大关注。总结引起洪灾发生的原因,人们普遍认为,除了大气环流异常外,就是人为活动带来的生态环境破坏,主要表现为:过度的土地开发如滥砍滥伐森林、陡山坡和坡地上的耕作、城市的不断扩大,增加了水土流失,造成植

被覆盖率下降及不透水地面的增加，降低了流域的持水量，增加了降水过程中的地表径流，造成水库、湖泊淤塞，河床抬升，降低了他们的蓄水量；掠夺性开垦如围湖造田降低了流域的水容量。例如，加拿大红河1920～1980年水文资料表明，前28年中未曾发生过一次超过$80m^3/s$的洪水，而在后33年却发生了15次。这些资料证明人类活动已经在显著地影响和改变着以往认为是纯自然态的洪水量值和规律。为此，树立人口、经济、环境之间协调发展的观念，进行生态环境建设和改善，是提高防洪能力的根本措施之一。

加大林地生态环境建设力度，增加植被覆盖率，恢复森林水库功能

众所周知，森林是巨大的天然水库。当务之急，应坚持以坡耕地综合治理、退耕还林、小流域综合治理、水土保持、生态公益林建设、天然林业资源保护、封山育林、草地生态建设、沃土培育和生态农业等十大生态环境建设重点项目为主体，并通过建立健全生态环境建设执法监督体系、投资机制、社会管理机制以及优惠政策等，来增加植被覆盖率。

森林植被对于生态环境保护和国土资源利用都具有根本性的作用。过去，我国由于对保护森林的认识不足，曾经滥砍滥伐，使绿油油的山林、成片林遭到严重的破坏，并造成大面积的水土流失。全国水土流失面积为180万km^2，相当于国土面积的1/5，每年流失泥沙50亿t。如历史上长江流域的森林覆盖率曾高达50%～60%，1957年下降到22%，水土流失面积达36.38万km^2，占流域面积的20.2%；到1986年，森林覆盖率已锐减到10%，水土流失面积猛增到73.94万km^2，增加了一倍。现在的当务之急是开展绿化造林、封山育林、退耕还林，恢复和扩大森林植被。在营林中，适当加大公益林、经济林和薪炭林建设，使林区做到生态效益和经济效益有机结合。同时注意绿化的科技含量，规范化和因地制宜地营造工程林。

在生产中,尤其要注重森林的生态效益和防洪功能。丘陵山区结合小流域综合治理,大力营造水土保持林;大中型湖泊、水库汇水区,发展水源涵养林,提高山区绿化率,营造绿色水库;平原地区以农田林网和城镇绿化相结合,在路、渠、河、堤以及城镇村庄周围,营造护路护堤林、防浪护坡林、风景林等,做到多树种混交、乔灌草结合,充分发挥生态防洪堤坝的多层次、多功能和多结构效益,既保护水利设施,又美化环境、调节气候。

恢复湿地原有生态环境,提高洪水调蓄能力

据不完全统计,我国湿地面积 6580 万 hm^2(不包括江河、水库、池塘等),其中沼泽 1100 万 hm^2,湖泊 1200 万 hm^2,浅海水域(0～5m)270 万 hm^2,稻田 3800 万 hm^2,滩涂和盐沼地 210 万 hm^2,占全世界湿地面积的 11.9%,排名世界第三,亚洲排名第一。主要分布在东北的三江平原,长江流域的江汉平原、洞庭湖及周边地区、鄱阳湖及周边地区,川北松潘湿地,黄河三角洲滨海滩涂区和沿海滩涂地区。过去几十年中,特别是 20 世纪 50～70 年代,由于决策失误,片面强调粮食、谷物生产,大规模地围湖造田,其结果使我国的淡水湖泊数量、总面积、生态功能均出现急剧下降,从 50 年代到 80 年代,我国湖泊从 2800 个下降到 2500 个,湖泊总面积下降了 11.55% 。长江中下游地区,洞庭湖、洪湖及江汉湖群垦殖率竟高达 50%。导致湿地生态环境严重破坏,调洪功能日趋衰竭,洪水威胁程度加剧。面对湿地生态环境的恶化和功能的下降,中央提出了“封山育林,退耕还林;退田还湖,平垸行洪;以工代赈,移民建镇;加大堤防,疏浚河湖”的“三十二字”方针。“三十二字”方针是可持续发展的重要措施,是改善生态环境和综合治理洪涝灾害的重要措施。我们应在“三十二字”方针的指导下,建立抗洪减灾保安生态体系,建立湿地生态环境保护区,退田还湖,恢复湿地原有的环境面貌。一般情况下,湿地分蓄洪区调蓄洪水的作用相当于天然湖泊的 5 倍,即 1 hm^2 分蓄洪

区的作用相当于 5 hm^2 湖泊的调蓄作用，因此，湿地生态环境的恢复和改善，将大大提高我国防洪防涝的能力，加速我国社会和经济发展的速度。

生态环境综合治理

在大力发展植树造林的前提下，加强山区、丘陵、平原、江河湖泊、沿海、城市的综合治理，治山治水治沙全面开展，立足全流域通盘考虑，实施标本兼治、旱涝兼治、城乡兼治、上中下游兼治、江海河湖兼治、山区平原兼治的"六兼治"综合治理战略。科学规划水利工程，因地制宜，大力发展和推广生态农业，减少污染，增加生物的多样性，改善气候环境，走可持续发展之路。建立健全相关法律法规，做到有章可行，有法可依。提高全民生态环境建设和保护意识，恢复我国原有的生态环境，使山更青，天更蓝。

第八章

洪涝防治的非工程性措施

有关防洪工程建设和洪水灾害的统计数字表明，在社会经济不断发展、人口不断增加的形势下，单纯依靠修建防洪工程来提高防洪标准已经十分困难，并且代价昂贵。应该在修建防洪工程，尽可能防止洪水出槽的前提下，着重发展非工程性防洪减灾措施，以减轻洪水灾害损失。

非工程防洪措施的概念在20世纪50年代提出后，逐步得到重视和发展，1958年美国开始接受这一概念。1966年以前，美国的防洪政策主要是通过修建控制性水利工程，防止洪水泛滥。但是，由于洪泛区土地不断开发，经济迅速增长，聚居人口增多，因此，虽然防洪工程能力不断提高，防洪投资年年增加，而洪水灾害的损失却有增无减。于是1966年以后，美国的防洪政策调整为工程措施和非工程措施相结合。此后，许多洪水灾害严重的国家也陆续采用。70年代美国政府相继发布《全国洪水保险法》、《洪泛区管理及河滩地保护命令》、《水土资源规划原则、标准和方法》等法令，防洪政策不断完善并取得成效。全国已有27个州实行了洪泛区管理计划。非工程防洪措施主要有：通过法令和其他形式控制洪泛区土地的开发和利用，以减少洪水发生时的损失；实施全国洪泛区保险计划，由政府管理洪水保险，用保险费收入补偿一部分洪灾救济费；加强洪水预报和警报。美国现在已有13个预报中心，可以预报全国主要河流的2500多个控制点的流量和水位，全国90%左右的地区可以得到预报和警报服务；建立洪泛区的居民避难系统，例如提高建筑物抗御洪水的措施，居民和财产的撤退组织，交通、通讯、救援、医疗保障等。

有关国家实行非工程防洪减灾措施的经验表明，对洪泛区经济发展目标进行规划调整，加强洪泛区的土地管理，制定超标准洪水的紧急措施方案，建立由政府主持的防洪保险和防洪基金制度(具有强制保险性质)，提高洪水预报、警报水平和完善居民避难系统等措施，在减轻洪灾损失方面具有明显的效果。

非工程性减灾措施是与工程防洪措施相对应的概念，是在充分发挥防洪工程作用的前提下，通过法令、政策、行政管理、经济手段和直接控制洪水的工程手段以外的其他技术手段，以减少洪灾损失的措施。防洪的非工程措施，并不能减少或调节洪水的来量或增加洪水的出路，而是更多地利用自然和社会条件去适应洪水特性，减少洪水的破坏和损失。

非工程措施与工程防洪措施相比较有如下特点：①非工程措施的目的是减少洪水灾害的损失。而工程措施的目的是着眼于控制洪水本身，主要作用是防止洪水出槽。②非工程措施涉及法律、行政管理、经济、技术各方面，在很大程度上是个管理问题，有赖于国家、地方、集体和个人之间的合作，而工程措施则基本上是工程技术问题。③工程防洪措施通常可用防御多少年一遇洪水来表示其保护的程度，而非工程措施则主要考虑减少损失程度、风险程度等。由于被保护对象的重要程度不同，实行的保护程度也有区别。④工程措施一般需要较大的工程投资。而非工程措施多属于泛区管理科学,是在洪水发生前,预先进行技术、法律、政策方面的安排,尽量减少灾害的损失,费用一般较低。⑤实施非工程措施是为了求得洪泛区的合理使用,主要着眼于未来,具有规划的性质。而工程措施考虑的主要是保护现有的对象,但在其保护范围内的未来开发也同样得到保护。

洪水风险图的应用

洪水风险图对不同频率洪水淹没范围、水深作区划。这种技术不是预测在什么时间发生什么样的灾害,而是预测一旦灾害发生,会出现什么样的结果,即灾害风险预测。

洪灾损失不仅与淹没范围有关,而且与洪水演进路线、到达时间、淹没水深、淹没范围、浸水历时及流速大小等有关。洪水风险图就是对可能发生的超标准洪水的上述过程特征进行预测,标示洪泛区内各处受洪水灾害影响的危险程度。根据该图并结合泛区内社会经济发展状况,可以做到:①结合地区经济发展的程度判断洪水发生时可能造成的经济损失,计算实施各项防洪措施的经济效益;②制定流域及洪泛区内的土地利用规划,如将重点投资及居民点放在风险小的地方,避免在风险大的区域出现人口与资产的过度集中;③根据居民及财产集中区域的风险大小,确定不同的防护标准;④确定需要避难的对象、避难的目的地及路线,保证在发生洪水时将居民安全地由风险大的地区转移到风险小的地区;⑤为指挥者提供防洪、救灾决策的依据,可以合理地预先制定出若干应急方案;⑥为洪灾保险提供依据。

洪涝的监测预警

天气气候变化的监测预报

短期气候预测

气候监测是进行洪涝等异常天气气候预测的基础,目前,已经对全球大气温度和降水、冰雪覆盖、海平面、大气化学气体等进行了长期的监测和分析,并且开始重视海洋和大气环流型变化以及极端天气和气候事件变化等问题。全球气候变化的监测需要具备完整的、准确的和均一的观测资料。在区分自然变率的基础上监测人为原因的气候变化的信号,需要长期系统性的资料积累。在现有条件下,通过全球气候观测系统收集观测资料的历史记录,形成比较完整的资料集,克服资料观测误差,研究和订正序列的不均一性,对气候变化研究具有十分重要的现实意义。全球历史气候网资料集(GHCN)、全球综合海洋-大气资料集、近代气候参照资料集(CARDS)等长期的全球性资料产品,虽然在长期气候变化中应用还存在一些问题,但已经对年际气候变化研究起到了十分重要的作用。

随着气候系统观测资料的不断丰富和资料分析技术的发展,许多国家如美国、日本、澳大利亚、英国和中国等国家都已经建立了全球气候监测系统。世界气象组织对其监测业务的发展也十分重视,在世界气候计划中,就专门设有世界气候资料与监测计划(WCDMP)。从产品内容上看,目前以美国的"气候诊断公报"最为丰富。一个国家气候监测能力的强弱,很大程度上取决于其资料的接收和处理能力、资料的同化和分析基础。美国、日本等国家都具有自己的海洋资料分析系统,而我国目前只拥有全球大气同化业务系统。

气候异常的监测是气候监测最重要的工作。所谓气候异常，是指气候状态较大地偏离了正常状况。因此，气候异常的监测需要与正常情况比较之后才能确定其是否正常。通常正常值采用 WMO 规定的过去 30 年的平均值，目前基本上是用 1961～1990 年的平均值。对于不同的气候要素，在气候异常的监测中具有不同的表达方法，但在具体使用中，很少定义。

温度异常监测　月平均气温异常的定义，在我国气候监测中以平均气温距平 $\Delta T \geqslant 2\sigma$ 为异常偏高；$\Delta T \leqslant 2\sigma$ 为异常偏低。由于月平均气温服从正态分布，根据 T－检验法，可以得到出现异常高值(低值)的距平值超过(低于)2 倍的标准差的约为 100 年一次。

降水异常的监测　一种方法是采用 WMO 的五分位法，将某一 30 年的参考时段中同期降水量从小到大进行排序，定义出不同参考级别的降水量。这样就可以进行判别，监测的降水量属于 30 年中未出现过的少降水量时，降水级别定义为 0，认为这属于异常偏少；当降水量属于 30 年中未出现过的大降水量时，降水级别定义为 6，认为这属于异常偏多；依此类推，1、2、3、4、5 级分别为显著偏少、少雨、正常、多雨和显著多雨。

另外，对月降水量采用 Γ 分布计算不同百分位所对应的降水量，帮助确定其异常程度。若当月降水量小于参考时段中的 10％的分位数值，认为降水量显著偏少；降水量大于参考时段中的 90％的分位数值，当月降水量显著偏多；为 30％～70％时，属于正常；10％～30％时，属于降水偏少；70％～90％时，属于降水偏多。

干旱与洪涝　我国业务监测中采用 Z 指数方法确定。Z 指数是假定降水量服从 P－Ⅲ型分布，通过对月降水量标准化处理后，可将其概率密度函数通过转换可以得到 Z 指数。根据计算得到的 Z 指数进行分级判断，就可以确定干旱和洪涝的等级。

需要指出的是，上述方法仅考虑降水的因素确定干旱与洪涝等级，干旱的程度还取决于土壤水分盈亏。美国气候预测中心(CPC)

在干旱监测中主要采用了 Palmer 干旱程度指数(PDSI)和作物湿度指数(CMI)进行干旱监测。PDSI 指数可以较好地反映持续的水分亏损和盈亏程度,而(CMI)反映短期之内或当时的农业干旱或水分盈亏状况。

环流异常　大尺度降水异常的直接原因是大气环流的异常,其监测方法多种多样,取决于所监测的对象和目的。我国特别重视 500hPa 高度场的监测,主要通过高度距平进行判别。同时还研制了欧亚和亚洲地区经向和纬向环流,北半球和西北太平洋副高面积、强度、脊线位置和北界位置等,极涡面积以及印缅槽指数等许多监测指数,在与正常值比较以后判断是否异常。美国还利用 500hPa 高度场出现偏低或偏高的日数来反映月内高度场的持续异常程度,同时还利用了一些遥相关指数帮助判断大气环流异常状况。

对流层高层和低层及流函数和势函数等计算的物理量的监测也常常是季风系统、walker 环流、对流活动等异常监测的重要手段。

El Nino 和 La Nina　TOGA-TAO 观测阵列对 El Nino 和 La Nina 监测起到了十分重要的作用,不少人也把这一观测阵列称为 ENSO 监测网。通常通过赤道东太平洋的区域平均 SSTA 指数变化来判定 El Nino 和 La Nina 的发生与结束,主要用 NINO 3 区(90～160°W,5°N～5°S)的海表温度持续异常来确定。最近,也有一些学者用其他海区的海表温度持续异常变化来确定,如 NINO3、4 区等。通常定义监测区内 SSTA 持续 6 个月偏高(低)0.5℃时,就是一个 El Nino(La Nina)过程。也有一些国家的研究根据 El Nino 和 La Nina 过程中监测区内的 SSTA 的逐月累积距平来定义事件强度。我国目前业务中确定 El Nino 和 La Nina 主要依赖 NINO 3 区和赤道东太平洋监测区的 SSTA 指数结合南方涛动来确定,实际工作中还需结合热带对流和海洋次表层温度异常分布等综合判断。

积雪和海冰异常　在美国和日本的气候监测业务中,通过卫星监测月内雪盖和海冰日数,在与年平均值比较之后确定其频率是否异常。测站观测资料对不同雪深的积雪日数与年平均值进行比较后监测是否异常。一些研究认为，青藏高原积雪与中国夏季降水有关，但目前对青藏高原的积雪异常的气候监测仍然十分薄弱。卫星的雪盖观测容易受到复杂地形的影响，而常规测站观测范围十分有限，而且主要位于青藏高原东部地区，因此，测站资料的代表性明显不足。

短期气预测业务主要是预报月、季降水和温度，一般以统计方法为主，但现在越来越多地采用动力学方法或二者兼顾，目前预报的总体水平还不高。虽然各国也在大力提高月延伸预报的水平，进行了大量的数值试验，但近来效果并不明显，月延伸预报的水平还远未达到可以发布业务预报的水平。

20 世纪的气候预测研究大体上可以分为四个阶段，每个阶段约占 1/4 个世纪。

第一阶段：以相关分析为主，用多元回归来直接预报一个地点的月平均气温或降水量距平。所应用的预报因子包括海温、极冰、积雪、太阳黑子等。印度季风降水可能是最早应用多元回归预报的气候要素，这个时期的预报单纯应用统计方法，缺少天气学以及大气动力学的概念，预报的也是局地气候要素。

第二阶段：有两个学派发展起来。一个是前苏联穆尔坦诺夫斯基学派；一个是美国纳迈阿斯学派。穆氏学派可以称为天气学派，预报的也是天气过程，预报又分中期和长期两个部分。中期预报是建立在对自然天气周期的分析上，自然天气周期的划分按自然天气区进行，北半球划分为 3 个自然天气区；大西洋 - 欧洲、东太平洋 - 北美及亚洲 - 西太平洋。当每个自然天气区中盛行气旋活动或反气旋活动，天气过程特征类似时，为一个自然天气周期。这里周期应译为阶段或时期，不过由于早期译为周期，后来就没有再变更。自然天气周期的长度在大西洋、欧洲平均 5～7 天，在亚洲 - 西太平洋平均 3～5 天。这样划分自然天气周期对认识天气过程的特点有一定帮助，但是却很难预报下一个周期的天气特征。所以用这种方法作中期预报都有困难，当然更谈不上作月、季尺度预报。穆氏学派作长期预报的主要工具是韵律与位相，还有自然天气季节。韵律是指一次超极地过程，即一次强冷空气活动中，地面高气压由新地岛南下或由东北向西南移动的过程。观察这个过程 90 天前与 150 天前的气压形势，用以决定过程后 90 天及 150 天的天气过程。位相则是指某种天气灾害发生前 1 个月，经常出现某种有代表性的天气过程，称为警告位相。一旦这种警告位相出现，即可据以预报一个月以后的天气灾害，如雨凇，在实际工作中这两类指标均不常出现。所以，有时可根据有限的几次韵律，从历史上找相似，再参考自然天气季节的转换作长期预报。实际上这个学派没有找到固定的、有效的预报工具。天气过程的研究是定性的，很难用来作定量的预报，所以后来就逐渐被淘汰了，尽管有一些概念如韵律对气候预测可能是有用的。

纳迈阿斯的研究却完全不同。他先研究了用 5 天平均 700hPa 图作大气长波预报，取得了一定的成功，又把研究推广到作 30 天平均环流预报，1953 年发表了 10 年预报经验总结。他的预报方法是不成功的，因为其主要思想是根据过去的平均图的变化外推。他一系列变高图又总是使距平恢复到正常，他把大气长波公式应用于计算平均图上波槽的运动，这在理论上讲是有问题的。他那一大套繁琐的计算早已经不再应用了。不过纳迈阿斯的研究却为今天气候预测打下了基础。他的贡献有三点：

(1)把 30 天平均环流图作为预报的基本工具。这比前苏联采用逐日天气图划分自然天气周期或自然天气季节有很大优点，时间尺度也适当。直到今天用 GCM 做气候预测，其最主要的产品就是 500hPa 月平均高度距平图。

(2)指出月平均环流与月平均天气即气候要素，如月平均气温、月总降水量有密切关系。为利用 GCM 作气候预测提供了依据。

(3)指出 SST 异常对大气环流有影响，大气环流的异常对 SST 也有影响，在气候预测中强调海洋相互作用。

这个思想有重要意义，为今后用 GCM 作气候预测打下了思想基础。

第三阶段：统计分析发展的时期。主要是大型电子计算机的推广应用，使 20 世纪 60 年代统计学分析方法有迅猛的发展，过去不得不靠大量人力来作的工作，利用计算机可以在很短时间内完成。例如沃克(Walker)的世界天气研究利用第一次世界大战后的恢复时期，雇佣了 200 个人用手摇计算机算了 4 年才完成。由于当时还不可能进行逐步回归计算，所以在选择预报因子之前，先计算各预报因子之间的偏相关，目的是选出彼此相对独立的因子。到了 60 年代这个工作很容易就可以用计算机完成了。不仅可以选入最好的因子，还可以通过剔除已选入的因子，做到最好的组合。逐步回归、各种多元回归分析以及分辨法广泛用于做气候预测。同时，统计分析方法也发展起来。利用 EOF 对气候要素场作分析，证明了 Walker 的三大涛动是大气环流变化的最主要机制，对各地区气候要素场的特征也作了许多研究。后来为了适应描述气候场区域特征的需要又设计了 REOD。为了反映气候要素异常的季节变化提出来扩展 EOF 即 EEOF。此外，还有复数 EOF，即 CEOF。在整个 20 世纪后期 EOF 分析成为气候研究的有力工具，典型相关分析(CCA)、奇异值分解(SVD)和主振荡型(POP)均与 EOF 分析有密切关系。此外，对时间序列周期性的分析也快速发展起来。最早是功率谱分析，后来有了最大熵谱、交叉谱分析，90 年代以来又有了子波分析。60 年代以来统计分析方法的进展不仅为气候预测作出了贡献，对气候诊断研究也是一个巨大的推进。

第四阶段：GCM 发展的时期。中期数值预报的成功，启发人们用大气环流模式作气候预测。由于逐日预报的可预报性为 2～3 周，要超越这个界限，只有作月平均环流预报。因此，从 20 世纪 70 年代中期就有人开始用大气环流模式作预测试验。GCM 原意为总环流模式，由于当时只有大气有总环流模式，所以往往把 GCM 称为大气环流模式,后来海洋也有了总环流模式,人们才分别用 AGCM 与 OGCM 表示。从 70 年代中到 80 年代中大约 10 年是用 AGCM 作月平均环流预报的蓬勃发展时期。当时约有 10 来个模式作了几百个 500hPa 月平均高度距平预测,计算与观测的距平相关系数大约在 0.35~0.40 之间。到 80 年代中已经普遍采用集合预报,去掉气候漂移,但是只用 AGCM,通常假定下垫面的 SST 距平在积分的 1 个月内保持不变,不过所作大都是冬季月份的预报,如果对全年检查可能相关系数只有 0.25~0.20。如果再扩展到全球,相关系数还要更低一些。因为通常大家都接受相关系数达到 0.5 可能是业务预报的最低要求。所以,到 80 年代中用 AGCM 作的月平均环流预报,还没有达到可以投入业务预报的水平。

WMO 曾经预言到 20 世纪 90 年代末用 GCM 作的月预报可投入业务预报,季预报可以开始试验,现在看来这个预言未能实现。从 80 年代中到 90 年代末,月平均环流预报的水平无明显提高。因此,研究方向转入作季平均环流预报。但是,作季平均环流预报已经不可能再假定 SST 距平维持不变了。所以应该用耦合模式,即 CGCM。现在 CGCM 的水平还达不到实际作预报的要求,所以美国 NCEP 采用先预报热带太平洋 SST,再用以强迫 AGCM。因为热带太平洋 SST 的预报技巧较高,所以在 El Nino 和 La Nina 年有一定效果,但实际上这不能称为完全耦合模式。这样,一些作者开始用观测 SST 作为强迫看 AGCM 有没有作季度预测的能力,结果目前使用观测的 SST 作强迫,计算的平均 500hPa 高度距平与观测值的相关系数只有 0.25~0.35,还不如统计方法作的预报。

综上所述,用 GCM 作气候预测前景并不乐观,在气候预测中,至少在短期内不能完全依靠 GCM。统计预报方法可能还是业务预报的主力,但是要大力发展 GCM。因为,终究这是一个以物理为基础的严格的科学的方法。况且,气候模式已经在模拟研究中作出了巨大的贡献。

汛期中、短期天气预报

根据观测，从降雨开始到洪峰出现一般只有几小时到十几小时，洪水形成过程的预报对于防汛准备是不够的，因此，在形成洪水之前加强对暴雨的预报，将显著提高预报水平。暴雨监测是暴雨洪水预报的基础，过程降水总量、24小时降水量，甚至6小时、1小时降水量的大小都会备受关注。

我国目前对降雨的监测主要靠气象站、水文站和全国2万多个雨量站。由于站点的空间分布很不均匀，且观测时制不同，降雨实况的监测水平受到很大限制，这不仅影响情报的真实性，也影响了降雨及洪水预报的精度。随着科学技术的迅猛发展，大气探测手段呈现多样化趋势，除了地面观测、高空观测外，天气雷达观测、气象卫星监测、大气特种观测、专业技术观测、风廓线仪观测、闪电定位观测、飞机气象观测、GPS／MET观测等手段的应用，遥测自动气象站的大量建设，使暴雨监测能力得到较大提高。

数值天气预报是现代天气预报的基础，多种数值预报产品已经成为中、短期天气预报的重要参考依据。在这里，首先介绍以下数值天气预报的概况。

数值预报是集大气探测、天气学、动力气象学以及计算机、通信技术为一体的综合性科学，其发展与计算机、通信等技术发展有关。数值天气预报(NWP)的思想是在V.Bjerknes(1904)的一篇文章中首先提出的。他在该文中讨论了把物理定律应用于预测大气的问题。十多年后，L.F.Richardson非常详尽地描述了为获取和处理资料以及传送预报所要求的任务。20世纪40年代中期发明了电子计算机，其后，美国开始利用计算机把动力学定律应用于天气预报问题。1960年，数值预报产品质量迅速发展，有些产品预报质量胜过人工制作的产品。目前，数值天气预报突飞猛进，数值预报产品的质量、数量和时效都有很大提高。欧洲、日本数值预报产品的形势、降水等预报都有较大参考价值。中国气象局利用国产的银河系列巨型计算机和引进的CRAY－C92巨型机，建立了中期数值预报业务系统，向全国各级气象台站发布7天的预报指导产品。最新的数值预报模式T213有上千个产品，时效达168小时，形势、降水等预报精度明显提高。从数值预报本身的发展过程可以预见：在资料同化、物理过程和并行计算等方面将会进一步达到更好的境界。

中期天气预报是指3～10天的预报业务，通常制作3～5天、一周、一旬的降水和温度预报。以前以统计方法为主，现在随着数值预报产品精度的提高，其业务系统主要依靠数值预报产品，如欧盟就有一个中期天气预报中心，其产品时效已达196小时，形势预报产品质量较高。其制作程序大致为，预报员在查阅历史气候背景，明确各类天气在该阶段发生的可能性后，查阅各类数值预报产品，结合运用MOS预报、卡尔曼滤波、谐波分析、客观相似等天气、动力、统计技术方法，解释应用各类数值预报产品，对数值预报产品进行再处理，直接制作各类天气要素预报。

短期天气预报业务主要是1～2天的降水、温度、湿度、风、雾、沙尘以及可能出现的各种异常天气现象预报。以前，多以预报员经验预报为主，现在预报制作主要依托方便、快捷、集成性能好、图形功能强的预报系统(在中国，20世纪90年代，为配合9210工程，中国气象局组织力量，集中开发了气象信息综合分析处理人机交互系统，即MICAPS系统。由于软件起点高，加之与9210气象信息系统紧密结合，在气象部门得到了广泛的推广)，对数值预报产品进行天气学、动力学、统计学解释，通过气象信息提供的大气环流、天气系统、风、云、降水和台风、龙卷、雷暴、冰雹以及其他地球环境中物理化学生态现象，进行各种必要的诊断剖析、统计对比分析，了解其内部的物理、化学、生物变化，认识和掌握其变化规律、未来变化的趋势和可能的范围，判断其可信程度，做出决策，形成预报结论。

由于数值预报的初值条件永远不可能达到真实大气状况。对各种天气过程发生发展的机理认识也是永久的课题，更何况大气并不是封闭系统,海气、陆气相互作用使大气动力过程更为复杂。因此,不同地域的预报员的经验预报也是一个重要方面。

在汛期,中短期预报着重点在降水预报。连续性暴雨或对流性降水是致洪的主要因素,在中短期预报中一般根据天气实况和多种数值预报的形势预报和物理量预报场,进行天气学和动力学解释,着重考虑以下几个方面:

(1) 抓大尺度环流背景:当西太平洋副热带高压西伸北抬时,若亚洲中纬度多短波槽活动,或有弱冷空气东移,则副热带高压西侧的偏南气流所造成的大量北输的水汽,在西来冷槽的配合下,极易形成暴雨发生的背景。

(2) 抓中小尺度影响系统:若没有低层低涡和切变等产生暴雨的中小尺度系统,仅有大尺度系统,往往不能形成暴雨。因为大尺度运动的特征是准地转的和水平的,其辐合抬升作用较弱。而强烈辐合所对应的垂直上升运动是产生暴雨的不可缺少的条件。中小尺度天气系统的非地转运动特征,是形成辐合、辐散的重要条件。

(3) 分析有无低空急流:研究表明,低空急流在暴雨的产生中,除起着对暖湿气流的传输作用外,又由于低空急流在三度空间上风速分布的不均匀性,在切变最大的地区可引起质量的堆集及疏散,造成局地散度的激烈变化,由此而激发出重力波系统,有利于触发中尺度系统的发展和暴雨的产生。

(4) 分析是否有高、低空急流耦合的条件:从动力学看,暴雨是发生在低层辐合、高层辐散,低层正涡度、高层副涡度,并在深厚的层次中存在强上升运动的地区。当高、低空急流出现耦合时,便会形成低层辐合、高层辐散,从而使深厚的层次维持着强上升运动。也就是说,处于低空急流的前方,而同时高层又处于高空急流入口区的右侧或高空急流出口区的左侧的那些地区有利于暴雨的形成。

(5) 分析地形条件:山脉地形,特别是在一些喇叭口地形的地区最容易产生暴洪事件。这是因为迎风坡对潮湿气流具有机械强迫动力抬升作用;对地势不稳定能量的释放有触发作用;对中小尺度系统有阻留作用。这些都有利于暴雨的发生。而且在暴雨发生之后,山区地形又易引起径流并加快洪峰的汇集。所以地形条件是预报洪水暴洪事件必须考虑的要素之一。

短时临近预报

短时天气监测主要工具为天气雷达和气象卫星,风廓线仪用于风暴探测。卫星和雷达图像对于业务分析和预报人员来说,是极有价值的信息源。利用雷达回波及气象卫星云图资料监测降雨,虽仅限于半定性半定量的估算,但对防洪起到了很大作用。尤其当通讯线路中断时,卫星云图可以表明暴雨中心位置及雨区范围和暴雨中心及雨区移动方向。对于雨量站稀少的地区,卫星云图可以弥补降雨情报的不足。同时它可作为数值天气预报(NWP)模式的一种输入资料,帮助确定初始条件,作为一种在预报时段前期监视数值模式运行性能的方法。图像还可以用作识别大气中正在发生的动力和物理过程。

历史上,由于雷达技术和数据处理能力的限制,特别是由于缺乏对区域降水量估测的科学方法,影响了天气雷达资料的广泛应用。自 20 世纪 80 年代以来,世界各国天气雷达的应用取得了突破性的进展。以西欧地区为例,业务运行的数值化天气雷达逾 100 部,其中半数具有多普勒功能。多普勒天气雷达系统,不仅可以探测云雨回波强度,定量估测降水量,而且可以获得降水天气系统及周围环境的大气风场信息(风向、风速、湍流等)。美国多普勒天气雷达网已经建成,我国正在原有组网雷达的基础上,大力开展多普勒天气雷达的建设,部分已投入使用,加强了对中小尺度天气系统和强对流天气的监测。

短时天气预报业务主要是 6 小时以内的天气预报。以前主要靠天气雷达和卫星云图对中小尺度天气系统、强对流天气的实时监测,以外推方法为主。现在,预报手段已得到很大改善,预报程序大致如下：

(1)分析多普勒天气雷达资料，进行以下处理：

——确定不同高度处径向风速的大小和方向，获得有关垂直风切变、急流和风速最大值的详细信息，估算散度。

——识别与低压槽和锋面系统相对应的明显的风向切变，并测量其运动速度的大小和方向。

——根据速度特征识别一些强风暴现象，包括：阵风锋、下击暴流和龙卷。

——从移动的降水区中区分出静物杂波和异常回波。

(2)短时预报员根据自己对云图和雷达图像的认识，参考客观预报结果和计算机的预报系统，通过对雷达回波和云的形状、移动速度、移动方向进行系统的分析后，预报数小时后雷达图像的演变及定量降水。

洪水的监测预报

防汛斗争和作战一样，"知己知彼，百战不殆"。及时报告已出现的水文现象和预报未来可能的水文发展情况，对于防汛决策部门做好防汛准备工作是至关重要的。水文预报工作就是防汛的耳目。特别是在遇到超标准洪水时，根据洪水预报就可以有计划地进行水库调度，启用分蓄洪工程，组织防汛抢险队伍等，使洪涝灾害减至最低限度。

洪水监测

为了实时监测雨水情和进行洪水预报，一般设有多处水情站，向各级防汛部门提供信息。水情站是指实时提供洪流、湖泊、水库或其他水体信息的站点，它包括雨量站、水文站、气象站等，信息包括雨量、水位、流量、泥沙等。其特点是在规定时间内按一定标准向有关部门提供实时水情信息，由一条河流或一个行政地区内的所有水情站所组成的站网称为水情站网。

洪水预报

它是根据洪水形成和运动的规律，利用过去和实时水文气象资料，对未来一定时段内洪水情况进行预测。洪水预报包括河道洪水预报、流域洪水预报、水库洪水预报等，主要预报项目有最高洪峰水位（或流量）、洪峰出现时间、洪水涨落过程、洪水总量等。

洪水预报是防洪抗灾最重要的非工程措施之一，在防汛工作中具有十分重要的地位。洪水预报工作为历年的防汛抗灾指挥决策提供了科学依据。洪水预报主要有经验产汇流模型、新安江蓄满产流模型、河道上下游水位（流量）相关法、河道洪水演算、湖库调洪演算、实时校正预报等方法以及引入的 SCLS 洪水预报模型和 SMAR 洪水预报模型。这些先进洪水预报方法的引进，进一步加大洪水预报工作的科技含量，并为更加准确及时的洪水作业预报开辟了新的途径。

准确的水文预报和快速的信息传递，对抗洪减灾有着举足轻重的作用。据赣、闽、桂、湘、鄂等省区初步估算，水文预报在 1998 洪水中减灾效益高达 11.6 亿元。当前我国许多测站水文预报精度和测报速度已达到很高水平，如 1998 年 6 月广西梧州发生了自 1915 年以来的最大洪水，水位之高、流量之大均属百年一遇，而最高洪峰水位预报与实测值仅相差 0.01m，准确率为 99.1%，预见期提前 51 小时。又如福建闽江水文预报系统，全流域 71 个站点，采用遥测仅用 3 分钟就能完成。

常用方法

利用河道中洪水波运动规律，由上游断面的水位和流量，来预报下游断面的洪水位和洪水流量。根据对洪水波运动的不同研究方法，可得出河道洪水预报的各种方法。常用的有相应水位（或相应流量）法、合成流量法和流量演算法。

相应水位（流量）法　依据上游站水位（流量），利用历史资料建立起来的相应水位（流量）预报方案，直接预报下游站水位（流量）。

这种方法分为洪峰水位(流量)预报和水位(流量)过程预报。相应水位(流量)法预报受到上下游站区间来水、下游顶托、河床冲淤变化等许多因素影响,预报时应给予充分考虑。

合成流量法　在预报站上游有两条以上支流汇入的河段,且支流上均有水文控制站时,常采用合成流量法作预报。这种方法假定各个上游站传播到下游站的流量是相互独立的,干支流洪水没有干扰作用。因此,可将同时到达下游站的各上游站相应流量之和(即合成流量)与下游站相应流量(水位)建立相应关系,形成合成流量法预报方案。如果上、下游各站区间来水量变化大,则可在相应关系中加入下游站同时水位为参数,以提高精度。

河道流量演算法　河道流量演算,是利用上断面的流量过程,采用数学计算方法,演算到下断面的流量过程。目前,河道流量演算常用的水文学方法有特征河长法、马司京根法和滞后演算法等。在河段流量演算时,许多方法要求时段和河段长度等特定条件,如与实际情况发生矛盾时,需要分段连续演算。必须特别注意的是,在洪水预报中,若单独使用流量演算法是没有预见期的。所以在实际应用中,常用于河系连续预报,或用降雨径流预报,先推算出上断面入流过程。

对于面积较小的流域,如用相应水位法或河道流量演算法来作预报,由于汇流时间短,区间面积相对太大,预报的预见期与精度都不能满足预测预报的需要,所以往往直接根据降雨来预报洪水,通称降雨径流预报。降雨径流预报是研究流域内一次降雨将产生多少径流量,以及这些径流量如何形成出口断面的径流过程。前者称降雨径流量预报,后者称流域汇流预报,即降雨径流过程预报。

降雨径流量预报　一次降雨过程在流域出口断面产生的总水量,称为本次降雨的径流量,也称净雨量或产流量。降雨量与径流量之差称损失量。产流量的大小与降雨量、蒸散发、土壤湿润情况有关。常用的降雨径流量预报方法有三类:降雨径流相关法、下渗曲线法、水文产流模型法。

流域汇流预报　流域汇流预报是利用预报的径流量通过有关计算方法得出流域出口断面处的流量过程。常用的方法有单位线法、等流时线法、水力学法等。

水库洪水预报比较复杂,涉及水库工程本身情况,预报内容较多,主要包括入库洪水预报、水库水位预报、下泄流量预报及水库施工期预报。

遥感技术在洪涝灾害防治体系建设中的应用

洪涝灾害的发生一般具有突发性特点,要进行洪涝灾害的预警预报、救灾和安排灾后的重建,需要对洪涝灾害相关信息进行及时、准确、可靠的采集和反馈。而传统基于人工为主的信息采集手段、过程与水平已经很难满足防洪抗涝的需要。20 世纪 60 年代发展起来的遥感技术因其具有观测范围大、获取信息量大、速度快、实时性好、动态性强等优点,在洪涝等自然灾害的研究中得到越来越多的应用。遥感技术在自然灾害防治中的应用在我国可以分为四个阶段,即 20 世纪 70 年代的起步阶段,80 年代的初步发展阶段,90 年代上半叶的快速发展阶段和 90 年代以后的实际应用阶段。经过三四十年的探索、应用和实践,逐渐形成了贯穿灾前、灾中和灾后全过程的遥感应用领域和方法。

洪涝灾害背景数据库的建设和更新

洪涝灾害背景数据的建立是洪涝灾害预警预报、损失评估和救灾的基础。背景数据库的内容主要包括两个方面。一是自然数据,包括地形图、气象条件、大气环境、坡度、土壤、地表物质组成、河流网络和湖泊的分布及其特性;再是社会经济方面的数据,包括人口分布、产业布局、经济发展状况等。由于遥感图像是自然环境综合体的信息模型,通过对遥感数据的人工解译分析或者计算机自动分类,能够直接得到的主要是自然方面的数据。

洪涝灾害背景数据的建设与更新一般在灾前进行,强调的是数据的准确性和可靠性,因此对于遥感数据的空间分辨率和光谱分辨率要求高,而对于时间分辨率的要求相对灾中的灾情监测要低一些。常用的遥感数据包括美国的 LANDSAT-TM、法国的 SPOT-HRV、中国国土资源卫星、美国气象卫星 NOAA-AVHRR 和中国的风云气象卫星数据,以及目前正在成为遥感热点的合成孔径雷达数据和成像光谱仪数据。

NOAA-AVHRR 数据的时间分辨率高达 6 小时,但其空间分辨率较低(星下点为 1.1 km),主要应用于大面积的洪涝灾害过程监测。而在灾前背景数据库的建设过程中主要应用于气象条件的研究,包括云量的估算、云性质的分析、太阳辐射量的监测等。洪水的形成原因主要有降雨洪水,融水性洪水,工程失事型三种。利用 NOAA 卫星数据和地形数据的复合提取积雪信息,结合监督分类方法在地形复杂地区也取得理想的分类结果,并利用 GIS 进行了积雪遥感的高效实用的制图。根据理论技术和数学模型,在引进温度、消融量、风速和地貌等修正系数后进行积雪量的估算等方面,已经取得满意的结果。以气象卫星和多普勒雷达数据在降雨定量预报和测定方面的研究也取得了新的进展,已经接近实用化的水平。这些遥感手段可以将传统的点雨量监测转变为面雨量监测,充分反映了降雨量在空间分布上的不均匀性,弥补了雨量监测站稀少或者没有的缺陷,为分布式水文模型提供了输入参数。

LANDSAT-TM 数据由于具有 30 m 的空间分辨率、7 个光谱波段和 16 天的时间分辨率,适合于进行 1∶50 000～1∶200 000 比例尺的洪涝灾害背景数据采集和更新。其中对于土地利用和土地覆盖的研究尤为普遍，虽然遥感土地利用研究的目的并不针对建立洪水灾害背景数据库。另外，通过 TM 数据也可进行河流系统和湖泊分布的解译，甚至进行湖泊和水库的库容测定。我国的 TM 数据最早起于 1986 年。

SPOT－HRV 数据的空间分辨率高达 10 m(多波段为 20 m)，而且具有立体观测能力，可以应用于更详细的地面资料的采集和更新。一般对应专题地图的比例尺可为 1∶25 000～1∶50 000。通过对图像进行立体重建，能够得到研究区域的数字地形模型(DTM)，在灾前的枯水期可用于进行河道、河势、河中滩岛和植被的分布等影响洪水演进的因素进行研究。目前商用遥感数据的空间分辨率越来越高，如美国空间图像公司(Space Imaging)的 IKONOS 卫星数据和以色列的 EROS 数据为 1 m、俄罗斯的 SPIN-2 为 2m、印度的 BhasKara－2 为 2.5m 等等。这些高分辨率的遥感数据为采集更加详细和准确的洪涝灾害背景数据提供了可能。例如，利用高分辨率数据调查蓄滞洪区的土地利用现状。另一方面，航空遥感由于分辨率高、灵活性高、不受时间限制的优点，也是建设和更新洪涝灾害背景数据库的一个重要途径。

洪涝灾害承灾体的识别和信息提取

在洪涝灾害的发生过程中，灾害承灾体的信息提取是进行灾害损失动态评估和安排救灾、减灾方案的前提。洪涝灾害承灾体主要是指淹没区域内的各种地物及其属性，例如农田、工矿、居民地、道路以及人口状况等。承灾体的提取以前主要依靠利用专题地图和现场调查。而专题地图数据往往不具有较好的现实性，现场调查的方法费时费工，加之在灾中也无法及时进行实地的现场调查。如果洪涝灾害背景数据库中的数据现实性好、内容齐备的情况下，从灾中的遥感数据中得到洪涝灾害的淹没范围以后，在 GIS 系统进行多个数据层的空间叠加操作(OVERLAY)即可进行承灾体的快速提取。例如在1998年全国洪水肆虐期间，中国科学院利用时间序列的遥感数据快速识别洪水及其动态信息，完成遥感监测图像、图形70余幅，灾情分析报告和简报50余份，并快速传递到国务院和有关部委，有力地支持了抗洪救灾工作。

淹没范围一般利用多波段卫星数据进行图像分类，提取水体信息和水体淹没信息，除了常见的计算机图像分类方法（如各种监督分类和非监督分类方法）以外，现已发展了一些简单易行的新方法，如遥感波段谱间关系方法和水体判别函数法等。

由于在洪涝灾害发生期间，得到的遥感影像一般会受到云量的影响，因此单纯依靠水体的光谱特征还不能进行有效的水体信息的计算机自动提取。根据NOAA卫星的可见光波段和热红外波段，进行自动判别云，利用周期相近的图像资料相对变化率来反演替代云区的灰度值，可以保证对淹没范围监测的连续性和客观性。

排除云量干扰的另一个途径是采用雷达数据。雷达图像由于具有全天候、全天时的特点，对于洪涝灾害的监测更具有优势。我国利用机载SAR数据进行洪水监测进行了大量的研究和实践，在实时传输等方面取得了新的进展。利用雷达数据提取洪涝灾害淹没范围也得到了实际应用。

配合淹没范围内的数字地形模型，可以得到洪涝灾害淹没区域的三维信息。这种方法在江汉平原的洪涝灾害监测中已经得以应用，取得了较好的效果。

在洪涝灾害背景数据库建设不完善的情况下，直接对遥感数据进行分析是识别和提取洪涝受灾体空间分布信息的有效途径。对遥感数据进行目视解译来提取洪涝灾害承灾体时，需要专家经验和较长的时间，虽然不能进行日常性的灾中灾害承灾体的快速识别，但由于识别的精度较高，过去是，现在仍是一个行之有效的方法。承灾体的识别和提取一般采用遥感图像分类的做法，其中应用最为普遍的是最大似然法。这种方法具体实施时，需要各种承灾体的训练样本和先验概率,且认为数据符合正态分布的假设。为了克服最大似然法的缺陷,近年来发展了许多新的承灾体提取方法,例如人工神经网络方法、证据推理方法等。其中人工神经网络方法具有解决线性问题和非线性问题的包容性,不要求数据符合正态分布的统计假设,是一种非参数方法,已被应用于灾中承灾体的快速识别和提取。人工神经网络方法以遥感各波段数据作为神经网络的输入,应提取灾害类型作为神经网络的输出,类型个数与输出层的神经元个数一致,选择样本训练网络结构以后,使用训练好的网络来提取承灾体的信息。另外,随着 GIS 应用的日渐普遍,GIS 空间数据库存储的数据也将日渐丰富,从数据库发掘知识并应用于提高遥感专题分类精度的方法也逐渐得以应用。

灾中灾害信息的提取对遥感数据的时间分辨率要求很高,目前广泛采用具有 6 小时的 NOAA-AVHRR 数据。例如在 1998 年吉林省西部的洪水监测中,通过使用 NOAA－AVHRR 数据进行了洪水动态的监测,并完成了以农田损失为主的灾情评估。此外灵活性高的航空遥感数据也经常应用于受灾体的调查中。这样即可在数小时之内得到洪涝灾害的灾情状况,实现对洪涝灾害的快速监测。

洪涝灾害相关模型计算

灾害现象主要是相对于人类来说的,因此灾害的危险程度评价不仅取决于自然灾害本身的严重程度,而且还取决于受灾区域内人类活动的程度和社会经济发展水平。在利用遥感和 GIS 进行灾害损失评估中,一方面需要准确了解灾害本身的信息和灾害承受体的信息,另一方面掌握灾害发生前的背景数据作为对比。当然数据的精度越高,得到的灾害评估结果也就越详细和可靠。洪涝灾害具有时效短的特点,因此需要在精度和速度两个方面权衡利弊。往往是具有较高时间分辨率的遥感数据作为一个快速提取灾害信息和承灾体信息的数据源,结合洪涝灾害的背景数据库,利用洪涝灾害本身的专业模型,例如洪涝灾害预报模型、洪水演进模型、危险度评价模型、洪水淹没范围计算模型、洪涝灾害淹没损失评价模型等等,在GIS系统中进行实时的计算,以期快速得到各种评价结果,为安排灾中救灾和灾后重建工作提供科学的决策支持。遥感数据在于获取信息的速度快,是这些模型计算的主要驱动数据之一;而GIS为模型计算中其他数据的快速获取提供了保证,GIS强大的空间分析方法也大大缩短了以往手工信息处理的时间,GIS丰富的数据表达能力有助于以直观形象的形式表达数据和预测结果。遥感和GIS一体化的洪涝灾害灾情快速评估系统在我国几次特大洪水灾害中得到了应用,2天内提供灾情的初步分析报告,大大提高了对洪涝灾害应急反应的技术能力。例如在1998年全国特大洪涝灾害监测中,建立在遥感、GIS和分析模型基础之上的洪水速报系统,能够快速地进行洪水地动态监测、农作物损失地评估、防洪工程的有效性分析、长江洪水蓄洪分洪的必要性分析、防洪减灾的决策建议以及灾后的重建规划等等。

需要指出的是,应用模型是关键,要提高遥感洪涝灾害模型计算中的精度和可靠性,一方面需要进一步探索洪涝灾害中的各种应用模型;另一方面,从实际应用的角度出发,还需要建立遥感洪涝灾害模型计算的技术规范,继承已有研究成果,促进不同评价单位之间的协同工作。

洪涝灾害救灾减灾应急系统

要了解洪涝灾害发生发展过程,进行灾害损失和灾害的预测,并为进一步的救灾和减灾决策提供科学依据,必须将遥感技术和GIS结合起来,将遥感作为快速获取灾害背景数据、孕灾环境数据、致灾因子和灾害承受体信息的一个重要手段,实现效率和效益并重的目的,将信息接收、传输、处理和分析全过程压缩到动态中,实现对洪涝灾害实时、准确的监测。我国对于这方面的建设比较重视,目前已经建成了洪涝灾情遥感速报系统并在1998年的洪水中发挥了显著作用。针对黄河流域洪涝灾害的卫星遥感灾害监测与评估系统也于2000年进入试运行的阶段。基于GIS和遥感的灾害应急反应系统在各个地方的软硬件环境有所不同,数据结构设计也会有所差别。GIS的空间分析工具可以帮助制定出优化的减灾和救灾方案,例如是否启用分洪区、分洪区的选择、灾民疏散的最佳路径、灾后重建的功能分区等等。

遥感技术在洪涝灾害的灾前预警预报、灾中的灾情监测和损失评估及安排救灾、灾后减灾与重建中都具有很大的应用潜力。遥感,尤其是和GIS结合后将有助于解决洪涝灾害减灾的两个核心问题,即快速而准确地预报致灾事件及对灾害事件造成灾害的地点、范围和强度的快速评估。预报的改进取决于对灾害事件及其机制的更加确切的了解,而灾害的监测评价基于地球观测系统的完善,必须使信息的获取既迅速又准确。只有在上面两个方面进行不断探索并取得有效的成果,才能更好地为防灾、救灾和减灾提供决策支持。目前,以遥感、GIS和全球定位系统(GPS)组合的3S对地观测系统发展迅速,正在形成全天候、全方位、多平台、多高度、多角度、多时相的立体综合系统,而对于洪涝灾害本身的成灾机理、预测预警模型的研究相对滞后,在一定程度上影响了3S技术应用的潜力。

洪灾的保险制度

洪水保险概况

洪水保险是以经济手段推动洪泛区管理的一项工作。主要内容是,蓄滞洪区所有机关、团体、企事业单位、个体经营者和居民,都要参加法定的洪水保险,按照参加者的财产拥有状况和所在地区的洪水危险程度,交纳一定的保险费,遇洪水灾害后可得到财产损失的赔偿费。实行这样的制度,一是保险费的收入可以补偿政府的一部分洪灾救灾费;二是收取洪水保险费可以制约蓄滞洪区的开发,以求减少洪水灾害损失。

洪灾保险也和其他灾害保险一样,具有社会互助救济性质。它本身虽不能减少洪灾的损失,但对灾后的迅速恢复生产和稳定社会秩序却有着重要的作用。尤其是通过法定洪水保险的经济手段,达到有计划地控制洪泛区和蓄滞洪区土地的合理开发利用,从而可以达到减少灾害损失、维护社会安定的目的。

防洪保险作为非工程防洪措施之一,引起了许多国家的高度重视,在英国、日本等发达国家得到推广,一些发展中国家(匈牙利、印度、菲律宾等)也在陆续进行研究和实施,并取得了一定的成绩。但美国国家洪灾保险计划(NFIP)无疑是发展最早、最完善的,因此可以作为我们借鉴的蓝本。

美国的洪水保险

美国洪水保险是从立法着手,由政府运作,利用私人公司,通过商业手段实施。目前已建立了一套较好的运作模式,使联邦政府、当地社区和个人都有积极性,并最终提高了洪泛区的管理水平,减少了洪灾损失。

洪水保险的产生背景 20世纪30～70年代,美国联邦政府和州政府修建了大量的水利工程,已建水库库容约1万亿 m^3(年均径流量1.7万亿 m^3),还有大量的堤防工程。这些防洪工程的修建,在一定程度上减轻了洪水灾害。防洪工程所取得的防洪效益是毋庸置疑的,但水灾损失与政府的灾害救济费用仍呈增长趋势,其主要原因是洪泛区土地的无序开发利用及其人口、资产的不断增加。为了改变这一状况,美国联邦政府于五六十年代就开始考虑用非工程措施来解决洪水灾害问题,美国的防洪政策也由此作了相应的调整,强调工程措施与非工程措施相结合，强调人在从事社会活动时，不可盲目行事，要尊重自然规律，要给江河洪水留出足够的行洪通道。洪水保险作为主要非工程防洪措施之一便由此引起了有关部门的重视，开始组织研究和推广实施。

洪水保险的产生及沿革 50年代初，美国已开始重视洪水保险的研究，1956年国会通过了《联邦灾害保险法》(The Federal Disaster Insurance Act)，创设联邦洪水保险制度，希望通过对洪泛区征收洪水保险费，一方面可以部分抵消洪水高风险地区地价低廉的诱惑；另一方面，能减轻政府的救灾财政负担。联邦政府建立国家洪水保险的主要目的是为了解决由于洪灾损失的逐步升级而使广大纳税人承担的救灾款不断上升的问题。

在这期间，防洪保险是民间保险公司承担的，但由于洪水灾害损失预测困难很大，一场大的洪水可以导致数家保险公司破产，保险公司对从事防洪保险没有积极性，防洪保险工作遇到许多困难。因此，洪水保险在开始执行时并不很顺利。

1965年联邦政府、议会及保险公司共同协商解决洪水保险问题，1968年国会通过了《全国洪水保险法》，并据此制定了《国家洪水保险计划》(简称NFIP)，建立了国家洪水保险基金。国会授权住宅与城市建设部组建了联邦保险管理局(简称FLA)，负责国家洪水保险计划的管理。FLA与国家洪水保险协会(120多家私营保险公司的联合体)建立了合作关系。至此，国家洪水保险计划由政府运作管理、保险公司参与实施，在全国许多地区逐渐开展起来。

洪水保险的基础工作 洪泛区洪水风险图、洪水保险费率图，是实施洪水保险的主要依据，也是开展洪水保险的前提。洪水风险图对不同频率洪水淹没范围、水深作了区划，洪水保险费率图则在洪水风险图的基础上对各个地区的保险费率作了区划。洪水风险图和洪水保险费率图对社会是公开的。

洪水保险的运作体制及方式 国家洪水保险计划是由联邦政府

管理和运作,是一种政府行为。私营保险公司的参与仅仅是为政府具体操作。保险公司在实施洪水保险时实际上是在执行 FEMA 的洪水保险计划,其保费收入上缴国家洪水保险基金,赔付也由国家洪水保险基金支付,是没有风险的,洪水保险的风险由联邦政府承担。保险公司主要是向洪泛区居民出售洪水保险,并在洪灾发生时及时办理有关赔偿手续和垫付赔偿资金。洪水保险公司收入主要是根据售出保单的情况返还一定比例的费用,FEMA 对保险公司约返还保险保费的 32.5%,保险公司从 FEMA 返还的费用中再返还 10%~20%给下面的洪水保险咨询公司,这些费用都是从 FEMA 管理的洪水保险基金中支出。

洪水保险不是赔付洪灾的实际损失,只是其中的一部分。如对于房屋赔偿约 68%,并且限定最高赔偿标准,房屋最高赔偿标准为 25 万美元,屋内物品最高赔偿 10 万美元。

目前,美国有 91 家比较大的洪水保险公司参与 FEMA 洪水保险计划,还有约 130 家洪水保险咨询公司通过这 91 家洪水保险公司参与这些工作。

制定了相应的鼓励和约束政策　美国的洪水保险并非是强制性的保险,而是由社区、保险业和银行业共同参与实施。政策规定洪泛区居民向银行贷款购买和建造房屋时,必须向洪水保险公司购买相应的洪水保险,保险公司在获得居民房屋有关资料后,根据房屋的地点和房屋结构,会卖给居民相应的洪水保险并办理相应手续,居民据此向银行提出贷款申请,在银行核查居民洪水保险资料属实后,才会贷款给相应居民。

政策规定行洪区内原则上禁止修建房屋。已建的要拆迁出去;行洪区外的洪泛区中,建筑物基础要超过 100 年一遇水位以上。参加保险计划之前已有的建筑,要采取减灾措施。遭受洪水毁坏的房屋,在利用保险赔付重建时,必须满足 100 年一遇的防洪要求。当一个社区选择参加国家洪水保险计划时,必须保证他们所采用的洪泛区管理方法满足国家洪水保险计划的要求。开发新项目,必须取得许可证,并保证其所用的建筑材料和建筑方法将最大限度地减少未来有可能发生的洪灾损失,联邦政府才会为建筑物及其内部的财产进行保险。在国家洪水保险计划实施过程中,州及地方政府肩负着重要职责:一是划定不同标准洪水淹没区域,指导洪泛区开发建设工作,制定洪泛区不同区域建筑物底部留出的洪水淹没高度;二是建立洪泛区建设许可制度。

洪水保险费率的确定　洪灾保险的重要依据是FEMA统一绘制的洪水风险图和据此制定的洪水保险费率图。FEMA在制定洪水风险图时,以500年一遇洪水的淹没范围为洪泛区,确定参加洪水保险的对象;以100年一遇的洪水作为洪水保险区划的基准洪水,并标注行洪区与水位分布。由水位与地面高程可以确定水深分布,进而可以根据风险大小计算保险费率。

洪水保险基金的管理　美国洪水保险是非盈利的,在联邦政府设有防洪保险基金,保险基金由国家统一管理。现在全国每年售出防洪保险保费达16亿美元左右,约434万个保单。如果发生较大洪水,FEMA管理的洪水保险基金不够支付保险赔偿时,FEMA会及时向国家财政临时借款,日后再从洪水保险基金中还付。据介绍,目前FEMA管理的洪水保险基金仍欠联邦政府财政17亿美元,如2000年洪水保险售出15亿美元,实际支出16亿美元。

洪水保险计划的执行现状　美国洪水保险体系的形成并非一帆风顺,从1956年联邦政府通过《联邦灾害保险法》开始,联邦洪水保险法规和制度不断进行调整和完善,可以说是积累了40多年的经验和教训,才形成了一套行之有效的法规与管理办法。在美国,约有2万个社区涉及到防洪问题,目前,全国已有1.97万个社区参加了国家洪水保险计划。联邦政府洪水保险计划不强迫社区参加洪水保险,但一般规定在100年一遇洪水淹没区以内必须购买洪水保险,高于100年一遇洪水区域不要求必须购买。每年售出防洪保险保费达

16亿美元左右，约434万个保单。尽管如此，目前美国洪泛区中参加保险的社区达90%以上，但参加保险的居民只有40%。

防洪减灾体制的建设

江河治理和防洪减灾事业有其自身的一些特点。首先它是涉及面广泛的一项公益事业，需要有关方面的密切联系和协作，加强统一规划和相互协调的机制；其次，虽然减灾就等于增产，但由于它不是一项能够直接生产产品和创造价值的部门，其重要性容易被忽视，因此更要未雨绸缪，着重避免短期行为；第三，它是一项需要巨大投入，同时又没有直接产出效益的部门，因此，除政府要作公益投入外，防洪减灾的资金来源也要从其被保护的对象方面征集。防洪减灾体制应该体现这些特点。

在减少灾害损失方面，由于涉及地区广、部门多，利害关系复杂，需要密切的协调、统一的规划和高度的权威，其管理工作甚为复杂。由此可见，防洪减灾体制有必要进一步健全和完善，应在减轻灾害损失这个最终目标上统一体制建设。

防洪需要全流域统一规划，强制执行

工程防洪措施面对的主要是自然界的洪水，治理对象比较单纯，许多工作是纯技术性的。而非工程减灾措施却是涉及众多社会因素的社会组织行为，其实施和管理是最为困难的，因此必须加强各有关方面的合作，加强统一规划和相互协调的机制。对于防洪减灾来说，首先要强化统一的防洪领导机构和增强经费投入。

防洪只有按独立的水文单元的流域范畴进行统一规划、综合治理，才能取得最大的效益。因此，统一指挥是必要的，只有统一的防洪领导机构才能有效地承担与洪水作斗争的任务；也才能面对灾害

的社会属性，承担起统一地、有权威地组织实施防洪减灾的任务。按流域强化治水的领导是许多国家的一致经验。

全民防洪减灾体制建设

一般认为，防洪是水利部门的事，其他部门的建设并不需要附加防洪要求，这样出现了一些部门在建设时削弱防洪能力的现象。例如，森林的过度砍伐增加了水土流失；矿产开发和交通建设也会增加水土流失，而且废弃物往往直接增加水库和河道的淤积，降低调洪能力；桥梁设计过水能力不足，交通道路穿越行蓄洪区，都直接削弱排洪能力而增加水灾损失。因此，各有关建设部门在自身工程设计和施工中，应把维护防洪效能作为必须的项目予以安排，从而免去日后为弥补被削弱的防洪能力，再事倍功半地去大大追加、增补防洪建设的投入。

由于流域范围往往跨越数省区，江河防洪还必须取得有关地区间的通力合作方能奏效。以太湖流域为例，该流域连接江苏、浙江和上海市，虽然 1986 年制定了全流域综合治理规划，但由于省市之间对洪水排泄出路的路线、流量和排水方式等存在不同认识，矛盾重重，致使该规划迟迟不得上马。不仅如此，部分地区为了局部利益，还不同程度地采取封、围、堵的消极办法，致使泄水能力降低，蓄水面积减少。在 1986 年的综合治理中有关部门曾估计，如果实施综合治理，共需投资 17.3 亿元；如果不进行系统整治，当出现 1954 年型洪水（相当 50 年一遇标准）时，沿太湖的大片城镇，包括苏州、无锡、嘉兴、湖州等都将进水，经济损失将超过 1 亿元。1991 年的灾情证实了这个估计，增加了数十亿元不应有的损失，可谓不幸而言中。

可见，以上妨碍防洪运用和削弱防洪能力的因素是防洪工程建设本身所无能为力的，需要地区之间的协作，部门之间的配合，以及社会发展与增强防洪能力之间的相互协调。也就是说即使单纯从提高防洪效能的目的出发，也需要进一步完善防洪领导体制。

加强防洪减灾的法制建设

由于对洪水的调度直接影响着不同地区的利益和人民生命财产的安全，有时必须在维护大局的情况下强制实行，因此，制定法规来协调各方的利益纠纷，保护有关方面的合法权益是绝对必需的。我国在20世纪80年代以来先后制定了几项具有法律意义的防洪方案和管理条例，如关于《蓄滞洪区安全建设指示纲要》、《中华人民共和国河道管理条例》、《中华人民共和国防汛条例》、《黄河、长江、淮河、永定河防御特大洪水方案》等，现在迫切需要依靠防洪减灾法规大力推进防洪体制的健全和效能的提高。

在实施非工程性减灾措施时，由于更多地涉及管理、行政、经济、技术众多层面，有关法律法规的制定就显得尤为重要。例如，今后在人口重压下，受洪水直接威胁的行蓄洪区、天然滨湖洲滩以及容易造成水土流失的丘陵、山地等都将成为竞相开发的目标。合理的开发应该容许，而妨碍行蓄洪和削弱防洪能力的开发活动，对整体防洪来说，无疑是饮鸩止渴的行为，必须通过立法预防和制止。特别是随着社会的进步，随着人类改造自然能力和规模的扩大，人为措施不当所造成的灾害也将增长，因此，更应注意把完善人类社会自身，完善人类对自然的行为准则作为减轻灾害损失的重要方面。

关于大江大河流域的水域管理，特别是特大洪水的管理，各国都有相应的管理法案。如美国1928年就制定了防洪法（Flood Control Act），而且在几次大洪水之后，多次修改原有的防洪法，或补充立法。在六七十年代，又先后制定了《全国洪水保险法》、《洪水灾害防御法》、《灾害救济法》等全国性法案。至1980年，已有27个州制定了“洪泛区”（Flood Plain，指受防洪堤保护但遇较大洪水时用于有计划的分洪滞洪地区，即分洪区或分洪道等）土地管理法案，规定“洪泛区”标准、“洪泛区”内建筑物标准、限制人口和土地利用原则等。并根据1960年的防洪法和1974年的水资源法，对洪泛区的土地利用加以限制和管理。管理工作由州或州以下的地方政府实施,但在防洪时的调度由 COE(陆军部工程师团)指挥。美国这方面的经验值得我们借鉴。

参考文献

Barton I J et al. 1989. Monitoring floods with AVHRR. *Photogrammetric Engineering and Remote Sensing*, **30**(1)

长江水利委员会《长江志》总编室. 2002. 长江志(卷一)第四篇之自然灾害(送审稿). 待出版

戴晓苏等译. 2001. 全球变暖. 北京: 气象出版社

邓拓. 1986. 中国救荒史. 见: 邓拓文集(第二卷), 北京: 北京出版社

邓玉梅. 1999. "'98"大洪水暴露的问题和今后防洪减灾工程治理建设策略. 中国减灾, 2

国家防汛抗旱总指挥部办公室, 水利部南京水文水资源研究所. 1997. 中国水旱灾害. 北京: 中国水利水电出版社

国家科学技术委员会. 1990. 中国科学技术蓝皮书第 5 号之气候. 北京: 科学技术出版社

国家防汛抗旱总指挥部办公室赴美培训团. 2002. 美国的防洪减灾管理和洪水保险. 防汛抗旱, (3)

霍顿. 1986. 全球气候. 北京: 气象出版社

黄铁青, 张琦娟. 1998. 自然灾害遥感监测与评估的研究与应用. 遥感技术与应用, **13**(3)

贾天增等. 2000. 湖北长江防汛. 武汉: 湖北人民出版社

季昌化. 1999. 美国防洪的若干措施. 人民长江, **30**(1)

蒋德隆. 1991. 长江中下游气候. 北京: 气象出版社

科技部国家计委国家经贸委灾害综合研究组. 2000. 灾害·社会·减灾·发展. 北京: 气象出版社

李长安, 殷鸿福, 蔡述明. 1999. 试论长江中游防洪减灾的工程对策. 长江流域资源与环境, 11

李长安, 殷鸿福, 陈德兴, 王波. 1999. 长江中游的防洪问题和对策——1998 年长江特大洪灾的启示. 中国地质大学学报, 7

李胜阳,赵阳,张芳.2000.黄河流域区域洪涝灾害遥感监测与评估系统.人民黄河,**22**(4)

李黄.2000.面向21世纪中国新一代气象业务技术体制改革的初步设想.气象软科学,2

李正霞.2000.水利工程与生态环境.陕西水力发电,9

刘广华,张海涛,梁勇.1994.防洪抗洪必须注重堤防检查观察.黑龙江水利科技,4

刘若梅,蒋景瞳.1993.地理信息系统在自然灾害研究中应用.见:何建邦,田国良,王劲峰主编.重大自然灾害遥感监测与评估研究进展.北京:中国科学技术出版社

陆亚龙等.2001.气象灾害及其防御.北京:气象出版社

马光等.2001.环境与可持续发展导论.北京:科学出版社

南京大学大气科学系.1998.气候学研究——气候与环境.北京:气象出版社

南尼·鲍米.1997.美国密西西比河上游和密苏里河流域1993年洪水造成的影响(上).水利水电快报,8

南尼·鲍米.1997.美国密西西比河上游和密苏里河流域1993年洪水造成的影响(下).水利水电快报,9

欧阳惠.2001.水旱灾害学.北京:气象出版社

石海峰,曾肇京,张继昌.2002.浅谈21世纪中国城市的防洪战略.水科学进展,3

水利部长江水利委员会.2002.长江流域水旱灾害.北京:中国水利水电出版社

蜀晓.2001.人与自然.北京:中国民族摄影艺术出版社

舒曼.1991.美国国家气象中心数值天气预报历史(美国国家气象中心天气预报业务现状和进展).北京:气象出版社

斯特拉斯等.1983.现代自然地理学.北京:科学出版社

魏成阶,王世新,阎守邕等.2000.1998年全国洪涝灾害遥感监测评估的主要成果——基于网格的洪涝灾害遥感速报系统的应用.自然灾害学报,**9**(2)

吴庆洲.2002.中国古城防洪的历史经验与借鉴.历史研究,5

武全胜.1999.浅论水库防洪实时调度信息决策系统.山西水利,4

王绍武.2001.现代气候学研究进展.北京:气象出版社

维哈根.2002.荷兰的防洪体制.水利水电快报,3

魏文秋,张继群.1995.遥感与地理信息系统在灾害研究中的应用.灾害学,**10**

(20)
许厚泽,赵其国.1999.长江流域洪涝灾害与科技对策.北京:科学出版社
周成虎,杜云艳,骆剑承.1996.AVHRR影像的水体自动识别方法与模型研究:遥感在中国.北京:测绘出版社
中国气候变化国别研究组.2000.中国气候变化国别研究.北京:清华大学出版社
中国国家气候中心. 1999.98中国大洪水与气候异常.北京:气象出版社
中国国家环境保护总局,联合国环境规划署,联合国人类居住中心编.2001.长江流域洪水环境成灾因素综合治理.北京:气象出版社
张家诚,周魁一,杨华庭,张宝元.1998.中国气象、洪涝、海洋灾害.长沙:湖南人民出版社
张家诚,林之光.1985.中国气候.上海:上海科学技术出版社
张金宏,刘宝军.1999.我国的水库工程建设与防洪.人民长江,10
张万宗.1995.密西西比河的洪水及其防治.人民黄河,2
张养才,何维勋,李世奎.1991.中国农业气象灾害概论.北京:气象出版社
邹尚辉.1996.江汉平原洪涝灾害遥感监测方法.华中师范大学学报,**30**(1)

后 记

回顾这一年多的编书过程,万千感慨,无法一一道明。

首先,要感谢参与编写的所有人员,当我们把提纲发给高工和工程师们的时候,他们是那样的认真琢磨,字斟句酌,踊跃提问,提供参考资料和相关线索。他们中许多人是大忙人,难得有整块的时间写作,但没有谁因此推托,大家都认为这是为中国的气象事业尽一份心,出一份力。中国气象局武汉暴雨研究所在湖北,防汛这天大的事在湖北,湖北气象人有责任和义务思考洪涝,总结洪涝。大家的责任感和使命感令人十分感动。

在写作过程中,杨荆安同志面临工作的变动和单位改革的压力,但是他没有丝毫的退却,关在家里一口气写出了"洪涝的气候原因";周月华同志课题缠身,时间宝贵,却没有叫过一声苦;冯明同志承担的部分资料最少,便骑车到中国地质大学文管大楼去查阅因特网资料;刘敏同志业务管理工作头绪繁多,难得有一个晚上静坐写作,硬是挤时间交来了质量上乘的初稿;周筱兰、张书俊、危万虎、王丽等同志为书稿的编写付出了极大的心血。

最令人感叹不已的是长江水利委员会教授级高级工程师黄忠恕,他热心、严谨、宽厚、大度,写下了几万字的初稿,给所有编写者带了好头。即使出差在外,他也还是带着钢笔,戴着老花镜,在宾馆里铺上稿纸,一个字一个字地写。

我们还要感谢关心本书的所有单位和人员:陈正洪同志热心推荐作者;刘林霞同志在时间紧的状况下保质保量输入了几万字的书

稿;周芳同志参与了联络、复印等工作;湖北省气象局办公室提供了文件复印打印和车辆交通及小额经费等条件;中国地质大学文管大楼计算机室提供了电子文献查阅的便利;湖北省气象学会的胡福胜、叶柏年同志提供了诸多帮助。

更要感谢气象出版社的黄丽荣主任,没有她的帮助,我们便没有机会参与本书编写;感谢责任编辑宋钢同志,他提出了许多宝贵意见,进行了卓有成效的编辑工作,使本书能以现在的面目和读者见面。

参加本书编写工作的人员一般具有气象和相关专业的高级技术职称,编写人员的分工是这样的:

彭广(湖北省气象局副局长、硕士、气象高级工程师)负责全书审稿;

刘立成(中国气象报湖北记者站站长、硕士、主任记者)负责全书体例设计、纲目安排和全书审稿,负责撰写"后记";

刘敏(湖北省气象局业务科技处副处长、硕士、副研究员)负责提出全书初步编目,负责撰写"洪涝防治的非工程性措施";

周月华(武汉气象中心高级工程师)负责协助设计全书纲目,负责撰写"洪涝的地理原因";

冯明(武汉气象中心高级工程师)负责撰写"全球洪涝概览";

黄忠恕(长江水利委员会教授级高级工程师)负责撰写"中国洪涝概览";

张书俊(武汉气象中心高级工程师)负责撰写"待解的洪涝谜团"与"面对洪涝 人类要反省"两部分;

杨荆安(武汉城市气象工程技术中心高级工程师)负责撰写"洪涝的气候原因";

周筱兰(武汉气象中心高级工程师)负责撰写"洪涝的气候原因"中的"气候变暖"部分;

危万虎(武汉城市气象工程技术中心高级工程师)负责撰写"洪

涝防治的工程性措施”；

王丽(武汉气象中心工程师)负责撰写“洪涝防治的非工程性措施”中的“洪涝的监测预警”。

本书如能对从事洪涝研究的人员和对灾害、环境、社会发展等相关领域感兴趣的读者有所帮助，则是本书的最大幸事。

我们的主观愿望是想奉献给读者一本质量较高的科普书籍，但是因为个人学识修养远远未能达到一定境界，确有力不从心之感，现在呈现给读者诸君的这本书就难免有许多疏漏，希望读者能不吝批评指正，帮助我们把本书修订完善。

编　者

2003年2月于武昌